Reinhard Scholzen

PERSONEN-SCHUTZ

Reinhard Scholzen

PERSONEN-SCHUTZ

Geschichte ■ Ausbildung
■ Ausrüstung

Motor
buch
Verlag

Einbandgestaltung: Katja Draenert

Vorsatz: Zehnter Jahrestag der Deutschen Einheit am 3. Oktober 2000 in Dresden: Bundeskanzler Gerhard Schröder mit Ehefrau Nr. 4 und zwei Leibwächtern des BKA.

Nachsatz: Im Jahr 1930 fertigte Mercedes für den japanischen Kaiser Hirohito einen sondergeschützten PKW, Modell 770 K.

Bildnachweis: Die zur Illustration dieses Buches verwendeten Aufnahmen stammen – wenn nichts anderes vermerkt ist – vom Verfasser.

ISBN 3-613-02185-4

1. Auflage 2001
Copyright © by Motorbuch Verlag,
Postfach 103743, 70032 Stuttgart.
Ein Unternehmen der Paul Pietsch-Verlage
GmbH & Co.

Lektor: Martin Benz M.A.
Innengestaltung: Viktor Stern
Scans: digi bild reinhardt, 73037 Göppingen
Druck: Rung-Druck, 73033 Göppingen
Bindung: Karl Dieringer, 70839 Gerlingen
Printed in Germany

Inhalt

Vorwort

Seit jeher hatten die Mächtigen dieser Welt Leibwächter, die für ihre persönliche Sicherheit sorgten. Zu allen Zeiten umgab diese Personenschützer eine Mauer des Schweigens. Daran hat sich bis zur Gegenwart nur wenig geändert. Ab und an geraten in Nachrichtensendungen »auffällig unauffällige« Personen mit ins Bild, die sich in unmittelbarer Nähe von Spitzenpolitikern aufhalten. Oft lassen sich die Personenschützer anhand ihres »Knopf im Ohr« – dem Ohrmikrofon – identifizieren. Aber nur die im unmittelbaren Umfeld der Schutzperson eingesetzten Beamten des Bundeskriminalamtes oder der jeweils zuständigen Länderpolizeien stehen im Licht der Scheinwerfer. Die vielen anderen, die zum Teil monatelang damit beschäftigt sind, sicherheitstechnische Vorbereitungen für einen Staatsbesuch zu treffen, werden nie von einem Kameraobjektiv erfasst. In erster Linie ist diese Geheimhaltung notwendig, um hochrangige Politiker und Staatsbesuche bestmöglich schützen zu können.

Die Anonymität der Beamten bleibt in der vorliegenden Dokumentation gewahrt. Sie schildert, wie Personenschutz funktioniert, möchte dabei aber den Einsatzerfolg der Leibwächter nicht gefährden. Auch in der Beschreibung der Einsatztaktiken und der technischen Hilfsmittel der Personenschützer war aus diesem Grund eine gewisse Zurückhaltung angesagt.

Mein Dank gilt dem Bundesminister des Innern, *Otto Schily,* der mir sein Einverständnis dazu gab, ein Buch über den Personenschutzes zu schreiben. Die Genehmigung des Ministers setzte die *Sicherungsgruppe des Bundeskriminalamtes,* die für den Schutz der höchsten Repräsentanten der Bundesrepublik zuständig ist, mit großem

Engagement um. Der Autor erhielt die Gelegenheit, die Beamten bei ihrem Training und im Einsatz mit der Kamera zu begleiten. Aus verständlichen Gründen kann an dieser Stelle nicht allen Beamten der Sicherungsgruppe Berlin gedankt werden. Stellvertretend für die vielen anderen möchte ich nur den Abteilungspräsidenten *Dr. Gerhard Fricke* nennen, der dieses Projekt von Beginn an tatkräftig unterstützte.

Mein Dank gilt auch dem ehemaligen Bundesminister der Justiz, *Dr. Hans-Jochen Vogel.* Er gab mir die Genehmigung zum Abdruck eines Referats, das er vor fast 20 Jahren in der Polizeiführungsakademie in Hiltrup zum Thema »*Personenschutz aus der Sicht des Betroffenen*« hielt. Der facettenreiche Vortrag hat bis heute nichts von seiner Aktualität verloren.

Es waren nicht nur staatliche Stellen und Politiker, die mich bei der Arbeit an diesem Band unterstützten. Mein Dank gilt ebenso den vielen privaten Sicherheitsunternehmen und den Verbänden dieses Wirtschaftszweigs, die den Fortgang meiner Arbeit förderten. Aus vielen Gründen konnte in dieser Darstellung nicht auf alle Unternehmen näher eingegangen werden, die Personenschutz betreiben. Nach Abwägen des Für und Wider stellte ich ein relativ junges Unternehmen in den Mittelpunkt der Beschreibung der Privaten: Die *BSN Akademie* in Timmendorfer Strand. Ich danke dem Chef, *Björn-Michael Birr,* und seiner Mannschaft für die freundschaftliche Unterstützung. Danken möchte ich auch der Firma *Kötter* aus Essen, die reichhaltiges Informationsmaterial zur Verfügung stellte.

Bei der Arbeit am Kapitel über die Waffen der Personenschützer erhielt ich unter anderem von den Waffen- bzw. Munitionsherstellern *Heckler & Koch, SIG Sauer, Walther, Dynamit Nobel* und *MEN* alle notwendigen Hinweise. Ganz besonders herzlich möchte ich auch den Automobilkonzernen *DaimlerChrysler, BMW* und *Audi* danken. Sie alle stellten mir umfangreiches Informationsmaterial und Fotos über ihre Sondergeschützten Fahrzeuge zur Verfügung.

Mit den Schwierigkeiten, die mit dem Schreiben dieses Buches verbunden waren, möchte ich die Leser nicht belasten. Nur so viel: Viele Probleme erschienen unlösbar, immer wieder mussten alternative Wege gesucht werden. Zwei Personen wissen, was konkret hinter dieser Umschreibung steckt: *Martin Benz,* der Lektor des Motorbuch Verlags, hat sowohl die Freude als auch die Enttäuschung des Autors miterlebt. Auch auf Grund unserer jahrelangen Zusammenarbeit an vergleichbaren Themen behielt bei ihm stets eine besondere Form der Gelassenheit die Oberhand, die allgemein nur dem Stamm der Schwaben zugeschrieben wird. Ich weiß, dass diese Haltung weiter verbreitet ist und sich auch unter denen findet, die im Taunus geboren wurden: Mein ganz besonderer Dank gilt *meiner Frau.*

Waldkönigen, im Frühjahr 2001
Reinhard Scholzen

Attentäter und Personenschützer

Die meisten Leser denken beim Thema Personenschutz zuerst an Filme wie *In the line of fire* mit Clint Eastwood oder den 1992 gedrehten Klassiker *Bodyguard*, in dem Kevin Costner die Hauptrolle spielte. In dieser Fiktion verbindet sich all das, was die Mehrzahl der Zuschauer mit diesem Beruf verbindet, zu einem bunten Gesamtbild: Der *Bodyguard* beschützte früher den amerikanischen Präsidenten, er hatte natürlich dienstfrei, als 1981 das Attentat auf Ronald Reagan verübt wurde. Er verließ den für den Schutz des Präsidenten zuständigen *Secret Service*, weil er mit der Behördenhierarchie nicht zurechtkam. Er ist ein hochintelligenter Einzelgänger, kennt sich in Chemie und Physik gleichermaßen gut aus, ist ein ausgezeichneter Sportler und – selbstverständlich – ein hervorragender Nahkämpfer und Schütze. Seinen hellwachen Augen entgeht nichts und dazu sieht er noch blendend aus. Kein Wunder also, dass es zwischen ihm und seiner hübschen Schutzperson – gegeben von Whitney Houston – zu knistern beginnt.

Mit dem Alltag eines Personenschützers hat dieser Spielfilm kaum etwas gemein. Annäherungen an die Wirklichkeit ergeben sich allenfalls in den unspektakulären Szenen, etwa dann, wenn Kevin Costner seinen Waffenkoffer öffnet. Dort liegen nicht etwa die größten Geheimnisse der Waffenindustrie, sondern neben einer großkalibrigen Faustfeuerwaffe *made in USA* harrt eine Selbstladepistole im Kaliber 9 mm Parabellum der Dinge, die da kommen: Eine Heckler & Koch P 7,

Dienstwaffe bei vielen staatlichen und privaten Personenschützern weltweit.

Die Frage nach den Anfängen des Berufs des Personenschützers wird wohl nie beantwortet werden können. Sicher ist aber, dass sich in den Überlieferungen der ältesten Kulturen – im Zweistromland zwischen Euphrat und Tigris, aber auch in Süd- und Mittelamerika – Hinweise auf die Existenz von Kriegern finden, deren Aufgabe in der Bewachung des höchsten Repräsentanten des Gemeinwesens lag.

Als der chinesische Kaiser Qui Shi Huangdi 206 v. Chr. starb, wurden ihm 7000 Terrakotta-Krieger mit ins Grab gegeben. Wie viele dieser irdenen Gestalten Leibwächter darstellten, wissen wir nicht. In einem Grab bei Assiut in Ägypten fanden Archäologen als Grabbeigaben auch Holzfiguren, die dunkelhäutige, mit Pfeil und Bogen bewaffnete Männer darstellen. Altertumsforscher vermuten, dass die lang aufgeschossenen, muskulösen Burschen mit durchdringendem Blick nicht zu den regulären ägyptischen Soldaten gehörten. Stellten sie vielleicht Leibwächter dar?

Dass aus den frühen Hochkulturen nur spärliche Zeugnisse über die Schützer der Herrscher vorliegen, hat viele Gründe. Sicherlich muss in erster Linie die geringe Überlieferungsdichte als Ursache für Wissenslücken genannt werden. Aber zweifelsfrei steht auch fest, dass diese Männer bereits vor vielen tausend Jahren ein für die meisten Untertanen undurchdringbarer Schleier des Geheimnisvollen umgab.

Der amerikanische Schauspieler Kevin Costner prägte durch seine Rolle in dem 1992 gedrehten Film »Bodyguard« das – wenngleich wirklichkeitsfremde – Bild des Personenschützers in der Öffentlichkeit (Abgebildet ist der Schutzumschlag des Videos von WB).

Recht viel wissen wir dagegen über die *cohors praetoria*, die Leibgarde der römischen Feldherrn, aus der sich unter Kaiser Augustus (63 v. Chr.–14 n. Chr.) die Prätorianergarde entwickelte. Augustus, der eigentlich Gaius Octavianus hieß und Adoptivsohn des Julius Caesar war, hatte wohl aus dem Schicksal und den Fehlern seines berühmtesten Ziehvaters gelernt. Dieser fiel dem wohl bekanntesten Attentat des Altertums zum Opfer: Als der Diktator am 15. März des Jahres 44 v. Chr. – den Iden des März – im Senat weilte, streckten ihn die Verschwörer (»Auch Du mein Sohn Brutus?«) mit 23 Dolchstichen nieder. Von Personenschutz schien der Ermordete nicht viel gehalten zu haben: Er spazierte regelmäßig allein durch Rom und hatte einen Monat vor seinem Tod gar seine spanische Leibwache entlassen. Angeblich begründete er dies: »Es ist besser, einmal zu sterben, als ständig den Tod zu erwarten.«

Bei Augustus lagen die Dinge anders. Er schuf sich eine Leibgarde, die nicht nur für den direkten Personenschutz sorgte. So wurden die einfachen Prätorianer im Polizeidienst eingesetzt, andere bewachten die Paläste und Villen des Kaisers oder sie begleiteten Augustus auf seinen Reisen und Kriegszügen. Die eigentlichen Leibwächter, die berittenen *speculatores*, waren in einer Kohorte zusammengefasst. Diese 500 Mann sorgten für die persönliche Sicherheit des Herrschers und übernahmen darüber hinaus Kurierdienste und bei Bedarf nachrichtendienstliche Aufgaben. Die Bedeutung der Prätorianer spiegelte sich auch in ihrer Besoldung wider: 27 v. Chr. erhielten sie das doppelte Salär eines einfachen Legionärs. Einige

Jahre später erhöhte der Herrscher ihren Sold noch einmal. Zusätzlich erhielten sie weitere Vergünstigungen. Ihre Verpflichtungszeit war kürzer als die der Legionäre. Auch wenn sie nach 16 Jahren aus dem Dienst ausschieden, konnten sie sich noch der Fürsorge ihres Herrn erfreuen. In Makedonien, in Mauretanien und im italienischen Aosta entstanden Siedlungen für die Veteranen. Besonders deutlich zeigte sich die Bevorzugung der Prätorianer beim Tod des Kaisers Augustus 14 n. Chr. Der römische Geschichtsschreiber Sueton berichtet, dass jeder Prätorianer 1000 Sesterzen erhielt, den einfachen Legionären dachte der im Tode großzügige Imperator je 300 Silberlinge zu.

Die Privilegien der Leibgarde sorgten bei den übrigen Waffenträgern für Unmut. Während der Unruhen im Heer, die nach dem Ableben des Augustus ausbrachen und die Übergangzeit bis zur Thronbesteigung des Kaisers Tiberius prägten, kam immer wieder die Forderung nach Angleichung der Löhne auf. Die aufgeheizte Stimmung führte dazu, dass der neue Kaiser seine Bewacher, die zuvor noch auf mehrere Standorte verteilt waren, in einer einzigen Kaserne in seiner unmittelbaren Umgebung stationierte. Auch Tiberius be-

dachte seine treuen Prätorianer mit großzügigen Geldgeschenken. Die Nähe zum Kaiser brachte für die Leibgardisten, deren Gesamtzahl im 1. und 2. nachchristlichen Jahrhundert auf 5000 Mann kletterte, aber außer Vorteilen auch Risiken; denn dadurch waren sie auch dessen Willkür ausgesetzt: Ein Prätorianer des Tiberius, der aus dem kaiserlichen Garten einen Pfau stahl, bezahlte dies mit seinem Leben.

Das Ende des Tiberius zeigt die Gefahr, die von diesen bestens ausgebildeten Männern stets drohte: Mehrere römische Geschichtsschreiber berichten über die Frau des Prätorianer-Kommandanten Marco – Ennia Naevia – die der designierte Thronfolger Caligula verführte und der er die Ehe versprach. Aus der Dreiecksbeziehung zwischen dem Leibwächter, dessen Frau und Caligula soll das Komplott entstanden sein, an dessen Ende die Ermordung des Tiberius stand.

Im unmittelbaren Personenschutz setzte der neue Herrscher des Römischen Reiches auf hoch gewachsene Germanen aus dem Stamm der Bataver. Die Männer vom Niederrhein mussten gute Nerven haben; denn der Caesarenwahn – mit dem man landläufig in erster Linie den Kaiser Nero in Verbindung bringt – war auch bei Caligula deutlich ausgeprägt. Das Spektrum reichte von Veitstänzen über die Geiselnahme von Schulkindern bis zu Mord und Totschlag. Die Leibgarde konnte die Ermordung Caligulas am 24. Januar des Jahres 41 n. Chr. nicht verhindern. Ob der eine oder andere Prätorianerführer sogar in das Attentat verwickelt war, konnten die Historiker bisher nicht eindeutig klären.

Auf den ängstlichen Kaiser Claudius, der die Garde regelmäßig mit seinem ganzen Kummer konfrontierte, folgte Nero. Die historische Überlieferung über diesen römischen Herrscher ist nicht weit entfernt von dem Hollywood-Epos »Quo vadis«, in dem der Mime Peter Ustinov die Höhen und Tiefen dieses Imperators in unvergleichlicher Brillanz darstellte. Bei seinem Amtsantritt übernahm Nero selbst die Führung der Prätorianer und gründete kurze Zeit später in

■ Eine Szene der berühmten Trajan-Säule zeigt den römischen Kaiser Trajan (Regierungszeit 98–117 n. Chr., Dritter von links), wie der zu seinen Soldaten spricht. Rechts von ihm stehen vier Feldzeichenträger. Der linke trägt einen Legionsadler, die drei anderen halten Prätorianer-Signa in die Höhe.

Anzio eine Kolonie für ehemalige Angehörige seiner Leibwache. Je länger seine Herrschaft dauerte, desto mehr gerieten seine Gardisten in die Rolle von Statisten für die Auftritte ihres Herrn. So mussten sie ihm beispielsweise ständig seine Leier hinterher tragen, damit der Kaiser immer gewappnet sei, falls ihn wieder einmal die Muse küsste. In den Folgejahren folgte Verbrechen auf Verbrechen. Einem dieser Anschläge fiel der Prätorianerhauptmann Burrus zum Opfer. Er hatte den Caesaren um eine besondere Medizin für seine Halskrankheit gebeten; Nero ließ ihm Gift schicken. Ähnlich erging es weiteren Mitgliedern der Garde und ehemaligen Leibwächtern.

Die Prätorianer reagierten auf die fortgesetzten Demütigungen und Verbrechen: Sowohl von Kaiser Nero als auch seinem Nachfolger Galba wandten sie sich in der Todesstunde ab. Aus Neros Privatgemächern schleppten sie noch fast alle Wertgegenstände weg, bevor sie den Imperator seinem Schicksal überließen. Diese Illoyalität und den Verrat an Galba – die Prätorianer hatten dadurch dem Heerführer Otho den Weg zum Kaiserthron geebnet – mussten sie unter Kaiser Vitellius teuer bezahlen, die Garde wurde aufgelöst. 120 Verräter – darunter auch viele Prätorianer – ließ der neue Herrscher Roms hinrichten.

Bereits unter Kaiser Titus erlangte die Garde aber wieder ihre alte Bedeutung. Dies spiegelte sich darin, dass der Herrscher Arrecina Tertulla heiratete, die Tochter des ehemaligen Führers der Prätorianer. Aber ein Rest von Misstrauen blieb, daher reservierte er für sich das Oberkommando über seine Beschützer.

192 n. Chr. wurde die Leibgarde auf 10.000 Mann verdoppelt. Nachdem die Elitetruppe sich in der Folgezeit immer mehr zu einer selbstständig handelnden Macht im Staat entwickelte und sich

an Umstürzen und Ermordungen mehrerer Caesaren beteiligte, löste sie Kaiser Konstantin im Jahr 312 n. Chr. auf.

Auch außerhalb Roms hielten sich Herrscher Leibwachen. Der römische Geschichtsschreiber Tacitus berichtet über die *comitatus*, eine bewaffnete Gefolgschaft, die in Gallien – dem heutigen Frankreich – für die Sicherheit ihres Herrn sorgte.

Im frühen Mittelalter nahm die Zahl dieser Beschützer auch in den germanischen Stammesgebieten und Herzogtümern deutlich zu. Neben Königen umgaben sich auch andere Mächtige mit Leibwächtern, die in den Quellen als *gasindus* bezeichnet werden. Bekannt wurden die germanischen Gefolgschaften für ihre Treue bis in den Tod. Fiel ein Gefolgsherr in der Schlacht, galt es für jeden Angehörigen seiner Gefolgschaft als Schande, nicht das gleiche Schicksal mit ihm zu teilen. Die Nibelungen sind das bekannteste literarische, aber beileibe nicht das einzige Beispiel dieser Gefolgschaftstreue.

Mit der Ausformung des Lehnswesens trat zum hohen Mittelalter ein Wandel ein. Der Vasall, ein vormals oft Unfreier, stieg mit dem zunehmenden Bedarf der Herrschenden an Bewaffneten in der Rangordnung auf. Im Laufe der Jahrhunderte entwickelte sich daraus die mittelalterliche Kriegerkaste, die Ritterschaft.

Besondere Erwähnung im Bezug auf Attentate verdienen die so genannten *Assassinaten* oder *Assassinen* (Arabisch: Haschisch-Trinker). Diese islamische Mördersekte entstand um 1080 in Persien und verübte besonders während der Kreuzzüge zahlreiche Meuchelmorde an Machthabern des Vorderen Orients. Die gebräuchliche englischsprachige Bezeichnung *assassin* für (Meuchel-) Mörder leitet sich im Übrigen von den *Assassinen* her.

Zurück nach Europa: In den Landsknechtsheeren und an den Höfen des 16. Jahrhunderts bildete sich ein neuer Schlag von Leibgardisten heraus, die *Trabanten* (Begleiter). Es handelte sich

Landsknechts-Obrist mit Trabanten. Holzschnitt von Hans Guldenmund, um 1540.

meist nur um wenige verlässliche und im Waffen-handwerk geschulte Männer, die zudem oft re-präsentative Aufgaben zu erfüllen hatten und von ihren Herren zu diesem Behufe mit reich ver-zierten Monturen und Waffen bestückt wurden. Zum Teil waren es, wie beim »Vater der Lands-knechte«, dem Kaiserlichen Feldhauptmann Georg von Frundsberg, bis zu 30 handverlesene Doppelsöldner – Männer, die den doppelten Sold eines einfachen Spießknechtes erhielten.

An der Wende vom Mittelalter zur Neuzeit standen besonders die Schweizer als Leibwächter hoch im Kurs, was sich aus ihrer Vorreiterrolle im Kriegswesen herleitet, das damals einen grundle-genden Wandel vollzog. Männer aus Uri, Zürich oder Chur galten gegen Ende des 15. Jahrhun-derts als die besten ihrer Zunft. An dieser Ein-schätzung hat sich im Vatikan bis zur Gegenwart nicht viel geändert; denn immer noch stellen vor-nehmlich Eidgenossen die *Schweizer Garde,* die für den Schutz des Oberhaupts der katholischen Kirche verantwortlich ist. Auch in anderen Staa-ten bevorzugte man für die Bewachung des höch-sten Repräsentanten Ausländer: In Frankreich übernahmen ebenfalls Schweizer diese Aufgabe und erfüllten sie in den Wirren der Revolution von 1789 bis zum letzten Blutstropfen. Auch der Kaiserhof in Wien ließ sich eine Zeit lang von Schweizergardisten bewachen; der Schweizerhof in der Hofburg erinnert daran. Die russischen Zaren waren gegenüber ihren Landsleuten noto-risch argwöhnisch und vertrauten daher über vie-le Jahre nur Leibwächtern aus Finnland. Bei den *Janitscharen* der türkischen Sultane handelte es sich um eine zu bedingungsloser Hingebung an den Herrscher erzogene Leibgarde, die ursprüng-lich aus geraubten Kindern bzw. Waisen christli-cher Familien des Balkans rekrutiert wurden. Im Zusammenhang mit fremdländischen Leibwäch-tern seien abschließend noch die *Moros* (Mauren) erwähnt – die marokkanische Leibwache, mit der sich der spanische Staatschef und *Caudillo* Francesco Franco umgab.

Mitte des 19. Jahrhunderts galten die Ver-einigten Staaten in den Augen vieler Europäer als die Insel der Glückseligen. Wohlstand und eine freiheitliche Gesellschaftsordnung übten auf die zum Teil noch in Feudalstaaten lebenden Bewoh-ner der Alten Welt eine magische Anziehungs-kraft aus. Selbstbewusst verkündete Abraham Lincolns Staatssekretär, William H. Seward, vor dem Ausbruch des Amerikanischen Bürgerkriegs im Jahr 1861, politischer Mord sei in den USA un-denkbar, nicht zuletzt, weil er gänzlich unameri-kanisch sei. Dementsprechend nachlässig behan-delte man den Schutz des amerikanischen Präsi-denten.

Als General Lee, Oberbefehlshaber der Süd-staaten-Armee, am 9. April 1865 die Waffen streckte, feierte der Norden Präsident Lincoln als Bezwinger des »sklavenhaltenden« Südens* Der Sieg der Union über die Konföderation überwand aber keinesfalls die Spaltung der Staaten. Manche Kritiker behaupten, dies sei bis zum heutigen Tag nicht gelungen. Eine Zeitung im Süden hatte auf dem Höhepunkt des Bürgerkrieges für die Tötung Lincolns eine Belohnung von 100.000 Dollar aus-gesetzt. Solcher Anreize bedurfte der Schau-spieler John Wilkes Booth nicht. Als er am 14. April 1865 während einer Aufführung im Washingtoner Ford's Theater in die Loge des Prä-sidenten eindrang und ihm aus nächster Nähe mit

---

* A.d.B.: Der Krieg wurde seitens der Nordstaaten nicht der Sklavereifrage wegen geführt, diese stand zu Beginn der be-waffneten Auseinandersetzungen 1861 gar nicht zur Debatte. Sie erwies sich aber im späteren Verlauf des Krieges als über-aus wirksame Propaganda-Waffe, insbesondere was die Unterstützung des Südens durch das Ausland anging.
Abraham Lincoln war zu Lebzeiten keineswegs die strahlende Figur, als die er in Amerika heute gesehen und verehrt wird. Seine Präsidentschaft verdankte er im Grunde weniger eige-nen Qualitäten als vielmehr der Uneinigkeit der Gegenpartei (Demokraten), die zwei Kandidaten aufgestellt hatte. Lincoln galt selbst im Norden als Kriegstreiber, der jegliche Verhand-lungslösung mit dem Süden verwarf. Auch von demokrati-schen und verfassungsrechtlichen Spielregeln schien er mit-unter wenig zu halten: So ließ er 1861 Truppen ausheben ohne die Bewilligung des Kongresses einzuholen; auf dessen Zustimmung verzichtete er auch bei der Einführung der allge-meinen Wehrpflicht im März 1863. Schwere Ausschreitungen in New York mit über 1000 Toten waren die Folge. 1864 ver-dankte es Lincoln wiederum nur der Zerstrittenheit der Oppo-sition, zum zweiten Male zum Präsidentschaftskandidaten no-miniert zu werden.

einer Taschenpistole in den Kopf schoss, fühlte er sich als Tyrannenmörder, der für eine gute und gerechte Sache zur Waffe griff. An dieser Überzeugung hatte sich auch zwei Wochen später nichts geändert, als Soldaten ihn in einer Scheune in Maryland stellten. Die letzten Worte des tödlich Verwundeten Booth sollen gewesen sein: »Sagt meiner Mutter, ich starb für mein Land!«

Die Ermordung Lincolns im Theater hätte ohne weiteres verhindert werden können, wenn – ja wenn – der Leibwächter des Präsidenten, ein Polizist namens Parker, seinen Pflichten nachgekommen und auf seinem Posten gewesen wäre. Im Zuge der Ermittlungen wurde gegen Parker ein Disziplinarverfahren eingeleitet, das später wieder eingestellt wurde.

Während der vier nachfolgenden Jahrzehnte verloren zwei weitere US-Präsidenten bei Attentaten ihr Leben: 1881 James Garfield, 1901 William McKinley. Nach der Ermordung McKinleys zog das Weiße Haus Konsequenzen und übertrug den Schutz des Präsidenten dem *Secret Service*. Diese Spezialeinheit war bereits im Jahr 1865 gegründet worden, hatte aber zunächst völlig andere Aufgaben. Sie unterstand dem Finanzministerium und bekämpfte Geldfälscher.

Auch in Deutschland führten Präventionsmaßnahmen gegen Attentate auf Politiker für lange Zeit ein Schattendasein. Dies änderte sich erst nach der Mitte des 19. Jahrhunderts. Schon Jahre bevor Otto Graf von Bismarck im Jahr 1871 der erste Kanzler des neugegründeten Deutschen Reiches wurde, schieden sich an dem preußischen Ministerpräsidenten die Geister: Verehrt von den einen, abgrundtief gehasst von den anderen. Dies war der Boden, auf dem Attentäter heranwachsen konnten. Wie dringend notwendig die Sicherheitsvorkehrungen für den damaligen preußischen Ministerpräsidenten waren, zeigte sich im Jahr 1862. Als Bismarck mit der Kutsche in Berlin unterwegs war, zog ein am Straßenrand stehender Mann plötzlich eine Pistole und schoss auf den Grafen. Die Bleikugel durchschlug das Wagenfenster und traf den »Fahrgast« auf dem Rücksitz mitten in die Stirn. Die Energie des Projektils war so groß, dass es nach dem Durchdringen des Kopfes durch das gegenüberliegende Fenster flog. Otto von Bismarck aber überlebte diesen Mordanschlag völlig unverletzt – er saß nicht in der Kutsche. An seiner Stelle befand sich eine ihm täuschend echt nachgebildete Stoffpuppe, die der Berliner Polizeidirektor Sieber von einem Schneidermeister hatte anfertigen lassen. Sieber hatte nicht nur die Bedrohungslage seiner Schutzperson richtig eingeschätzt, sondern dem Attentäter zugleich eine raffinierte Falle gestellt. Letzteren nahmen Kriminalbeamte fest, die entlang der Fahrtroute postiert waren. Zu diesem Zeitpunkt hatte Otto von Bismarck sein Ziel bereits in einer unauffälligen Droschke erreicht.

Am 7. Mai 1866 – wenige Wochen vor Ausbruch des Deutschen Krieges (Hauptakteure: Preußen und Österreich) ereignete sich ein weiteres Attentat auf den preußischen Ministerpräsidenten. Nach einem Gespräch mit dem preußischen König – dem späteren deutschen Kaiser Wilhelm I. – fuhr Bismarck in einer Kutsche entlang der damals schon mondänen Prachtstraße »Unter den Linden«, als ein mit einem Revolver bewaffneter Mann auf ihn zustürmte. Mehrmals feuerte er auf Bismarck und traf ihn auch, aber dem kräftigen Politiker gelang es, seinen Gegner zu überwältigen und ihn schließlich einer Gruppe Soldaten zu übergeben, die zufällig vorbeimarschierte.

Wenn man nach dem folgenschwersten Attentat fragte, würden die meisten Leser wahrscheinlich die Ermordung des österreichischen Thronfolgers, Franz Ferdinand, am 28. Juni 1914 in Sarajewo nennen. Noch heute herrscht die Meinung vor, dass die Pistolenschüsse, durch die der Erzherzog und seine Gattin getötet wurden, zum Ausbruch des Ersten Weltkriegs führten. Unter den Historikern besteht zwar mittlerweile weit gehende Übeinstimmung in der Einschätzung, dass auch ohne den Attentäter Princip der Weltkrieg nicht ausgeblieben wäre, weil in Europa spätestens seit 1907 alle Zeichen auf Sturm standen, aber die wissenschaftlichen Studien änderten kaum etwas an der öffentlichen Meinung. Allgemein wird die Auffassung vertreten, es sei ein unabwendbares Schicksal gewesen, das zum Tod des designierten österreichischen Herrschers führte. Auch hier liegen die Fakten etwas anders.

Als das erzherzogliche Paar vier Tage vor dem Anschlag die als unruhig geltende Innenstadt Sarajewos besuchte und dabei auch einen Bummel durch den Basar unternahm, waren zwar

Sicherheitskräfte anwesend, aber deren Aufmerksamkeit war mangelhaft, berichteten Zeitzeugen. Auch am 28. Juni, dem Tag des Attentats, prägten Lustlosigkeit und Zeremoniell die Arbeit der Detektive und Polizeibeamten, die zum Schutz des Paares abgestellt worden waren. Es galt zum Beispiel für die am Straßenrand postierten Polizisten absolute Grußpflicht. Das bedeutete, dass sich die Polizisten beim Herannahen des Fahrzeugkonvois mehr auf das korrekte Grüßen des Thronfolgers als auf die Abwehr eines möglichen Attentäters konzentrierten. Die Detektive, die eigentlich im ersten der aus sieben Fahrzeugen gebildeten Kolonne mitfahren sollten, saßen im vierten Wagen, somit zwei Fahrzeuge hinter dem Erzherzog. Die genaue Fahrtroute durch die Innenstadt war bereits Tage zuvor in den Zeitungen veröffentlicht worden, um der Bevölkerung Gelegenheit zu geben, für das hohe Paar die Straßen und Häuser zu schmücken.

Die Wagenkolonne des Thronfolgers fuhr entlang des Appel-Kais, als um 10.26 Uhr der serbische Separatist Nedeljko Čabrinović eine Bombe warf. Der Sprengkörper traf das Verdeck des erzherzoglichen Automobils, fiel aber auf die Straße und detonierte neben dem nachfolgenden Fahrzeug. Die Herzogin wurde von umherfliegenden Splittern leicht am Hals verletzt, der Attentäter konnte rasch verhaftet werden. Anstatt nun den weiteren Ablauf des Besuches grundlegend zu ändern, setzte man nach einigen Schrecksekunden das Programm nahezu unverändert fort: Lediglich ein Leibjäger fuhr auf dem Trittbrett des erzherzoglichen Wagens mit. Drei Minuten später erreichte die Kolonne das Rathaus. Die offizielle Begrüßung fiel recht knapp aus; denn Rudolf von Habsburg war aufgebracht. Zur gleichen Zeit berieten die Sicherheitsfachleute das weitere Vorgehen. Der Plan, die Innenstadt räumen zu lassen, wurde verworfen. Auch der Vorschlag, das Paar in zwei unterschiedlichen Fahrzeugen weiterfahren zu lassen, wurde abgelehnt, da sich die Herzogin aus politischen Gründen ganz entschieden dagegen ausgesprochen hatte. Die 56-jährige Sophie, Herzogin von Hohenburg, befürchtete, die Bevölkerung der bosnischen Stadt könnte dies als Eingeständnis ihrer unstandesgemäßen Ehe werten, die sie seit 13 Jahren mit dem designierten Thronfolger führte.

Nur zu einer Änderung der Fahrtroute konnte man sich durchringen und rasch gewann das Zeremoniell wieder die Oberhand: Anstatt des sportlichen Kammerbüchsenspanners Gustav Schneiberg fuhr jetzt Graf Harrach auf dem Trittbrett des erzherzoglichen Wagens mit.

In der Hektik hatten die Organisatoren vergessen, alle Fahrer zu informieren. Folglich fuhr der erste Wagen die alte Route, der Chauffeur des zweiten Automobils, der die neue Fahrtstrecke kannte, stoppte an der Abzweigung und der Lenker des dritten Wagens legte gerade den Rückwärtsgang ein, als Schüsse fielen. Aus einer Selbstladepistole, Modell Browning 1910, feuerte Gavrilo Princip aus einer Entfernung von etwa drei Metern je einen Schuss auf den Erzherzog und seine Gemahlin ab. Der Serbe traf Herzogin Sophie im Unterleib. Das 9-mm-Projektil zerfetzte die Bauchschlagader, wenige Minuten später war das Opfer verblutet. Das zweite Projektil durchschlug die Halsschlagader Franz Ferdinands. Er hatte noch etwa fünf Minuten zu leben.

Das Attentat setzte ein kompliziertes diplomatisches Räderwerk in Gang, das einige Wochen später zum Ausbruch des I. Weltkriegs führte.

Nach dem Ersten Weltkrieg blieben politisch motivierte Morde auf der Tagesordnung und der Staat reagierte auf die Gewalt. In der Zeit der Weimarer Republik nahm die Zahl der Leibwächter infolge von Attentaten zu. 1921 töteten zwei Mitglieder der nationalistischen *Organisation Consul* den Zentrumspolitiker Matthias Erzberger, der am 11. November 1918 im Wald von Compiègne den Waffenstillstandsvertrag zwischen Deutschland und den Siegermächten mit unterzeichnet hatte. Am 24. Juni 1922 fiel Walther Rathenau einem Mordkomplott zum Opfer. Fünf Kugeln aus einer langläufigen 08 mit Schaft, wie sie ein Augenzeuge beschrieb – trafen den damaligen Reichsaußenminister in Kopf und Oberkörper. Bevor der große, offene Tourenwagen, in dem zwei mit langen Ledermänteln bekleidete Männer saßen, davonbrauste, schleuderte einer der Attentäter noch eine Handgranate in den Fond von Rathenaus Wagen. Niemand war in der Nähe des Ministers gewesen, um den Anschlag zu vereiteln. Niemand hatte die Fahrtroute des Wagens vorab inspiziert und niemand hatte den Mann, der Jahre zuvor Präsident der AEG ge-

Ein Mercedes G-4, wie ihn der Reichssicherheitsdienst als Begleitfahrzeug im Rahmen des *Führerbegleitkommandos* einsetzte. *Foto: DaimlerChrysler Konzernarchiv*

wesen war, in Sicherheitsfragen beraten. In dieser Hinsicht änderte sich nach diesem Anschlag vieles. Bereits kurze Zeit später standen die höchsten Repräsentanten, aber auch als gefährdet geltende Staatsgäste unter dem Schutz einer Spezialabteilung der Berliner Kriminalpolizei.

Als Adolf Hitler im Jahr 1935 eine Durchfahrt im offenen Mercedes Carbriolet durch den für seine Kriminalität besonders berüchtigten Essener Stadtteil Segeroth – in einem zeitgenössischen Lied hieß es: »Wo man sticht mit Messern, wo man schießt mit Schrot, da ist meine Heimat, Essen-Segeroth« – unbeschadet überstand, werteten dies die Sicherheitskräfte als Beleg für die Richtigkeit der Taktik und gleichzeitig nahm dies die Führung der NSDAP als Beleg dafür, dass die Akzeptanz des Führers nun auch in den Kreisen der Arbeiterschaft ein sehr hohes Maß erreicht hatte. Sein Schutz war kurze Zeit zuvor dem *Reichssicherheitsdienst (RSD)* übertragen worden. Als die Weimarer Republik in den 20er-Jahren von den Kämpfen zwischen Kommunisten und Nationalsozialisten erschüttert wurde, war die

Zahl der für Adolf Hitlers Sicherheit zuständigen Leibwächter noch gering. Selbst in der Hochphase der Kämpfe waren es nur wenige Männer. Julius Schaub und Julius Schreck, Emil Maurice und Ulrich Graf bildeten die »Chauffeureska«, sie waren Fahrer und gleichzeitig Leibwächter. Und dazu noch Josef »Sepp« Dietrich. Fast alle Leibwächter wurden verwundet, keiner so schwer wie Ulrich Graf, der vor der Feldherrnhalle in München am 9. November 1923 mit seinem Körper eine Kugel eines bayerischen Landespolizisten abfing, die Hitler gegolten hatte. Julius Schreck verstarb 1936. Er erhielt ein Staatsbegräbnis – eine einmalige Geste der Wertschätzung und Dankbarkeit.

Im Februar 1932 wurde das aus zwölf Männern bestehende *Führer-Begleitkommando* aufgestellt. Die mit Revolvern und Stahlruten bewaffneten Männer wurden von Zeitzeugen sehr unterschiedlich beschrieben. Während manche Beobachter sie wegen ihres kantigen Erscheinungsbildes als »Männer vom Mars« bezeichneten, erschienen sie anderen Kritikern als zartgliedrige Epheben. Nach der Machtübernahme der Nationalsozialisten wurde die Zahl der Männer, die das Leben des *Führers* schützen sollten, rasch erhöht: Die so genannte *Stabswache* bestand aus 117 Männern und erhielt mit dem Umzug von der Auguste-Viktoria-Kaserne in die Kadettenanstalt

■ Für alle Fälle: Die mit Reißver-
schlüssen versehenen Rücken-
fächer der beiden Vordersitze
nahmen 08-Pistolen auf, deren
Griffstücke nach oben zeigten.
Foto: DaimlerChrysler Konzernarchiv

■ Auch in der Verkleidung der
Seitentüren fand je eine 08-Pistole
nebst Ersatzmagazinen Platz, deren »Kopflage« einem schnellen
Zugriff nicht unbedingt förderlich
war.
Foto: DaimlerChrysler Konzernarchiv

■ Rechte Seite: Doppelposten der »Leibstandarte« vor dem Arbeitszimmer des *Führers* in
der neuen Reichskanzlei. Vor allem die 1. Kompanie, die nur Männer über 1,85 m aufnahm,
hatte in den 30er-Jahren neben militärischen zusätzliche repräsentative Aufgaben wahrzu-
nehmen, etwa als Ehrenwache oder Ehrenformation bei Staatsempfängen oder Besuchen
ausländischer Staatsmänner. Nur sie trug innerhalb der LAH und der gesamten späteren
Waffen-SS weißes Koppelzeug. Die 1. Kompanie stellte außerdem Soldaten für das *Führer-
schutzkommando* bzw. das *Führerbegleitkommando*. Am Rande sei erwähnt, dass die
»Langen Kerls« der LAH als Ufa-Filmkomparsen sehr begehrt waren, u.a. wirkten sie mit in
»Amphitryon« mit Willy Fritsch, »Der Choral von Leuthen« mit Otto Gebühr oder »Die gelbe
Flagge« mit Hans Albers.
Die Abbildung entstammt dem umfassenden Werk: »*Zwölf Jahre 1. Kompanie Leibstandarte
SS Adolf Hitler*«, zusammengestellt von Überlebenden der 1. Kompanie und erschienen bei
der Deutschen Verlagsgesellschaft Rosenheim 1993. *Mit freundlicher Genehmigung der DVG.*

in Berlin-Lichterfelde den Namen *Sonderkommando Berlin.* Im September nochmals umbenannt in *Adolf Hitler Standarte* bekam die Truppe anlässlich des zehnten Jahrestages des Putschversuches von 1923 am 9. November 1933 den Namen »*Leibstandarte Adolf Hitler*«, den sie bis zum Kriegsende im Jahr 1945 behalten sollte. Zu Recht betonten Historiker die vielfältigen Aufgaben dieser Einheit. Sie gaben nicht nur öffentlichen Auftritten des *Führers* einen eindrucksvollen Rahmen, sondern sie schützten Hitler auch vor Attentaten. Und – nicht zuletzt – bildeten sie auch einen Schutzwall gegen innerparteiliche Konkurrenz wie etwa den *Reichsführer SS* Heinrich Himmler oder Reinhard Heydrich, den Chef des *Sicherheitsdienstes (SD).* Letztlich entwickelte sich die *Leibstandarte* aber zu einer militärischen Elitetruppe und zur ersten Panzerdivision der Waffen-SS, die später an fast allen Fronten des II. Weltkrieges kämpfte.

Auf Grund fehlgeschlagener Attentate und besonders des Aufkeimens einer innerparteilichen Opposition wurde im März 1934 mit dem Aufbau des *Führerschutzkommandos* begonnen. Dessen Leiter war der ehemalige Polizist Hans Rattenhuber. 1935 wurde diese Einheit umbenannt in *Reichssicherheitsdienst.* Die Männer rekrutierten sich zunächst aus bayerischen Kriminalbeamten. Im Unterschied zur militärisch organisierten *Leibstandarte,* deren Personalstärke bereits Mitte der 30er-Jahre gewaltig anstieg, blieb der Personalumfang des RSD relativ gering. Von 45 Polizeibeamten im Jahr 1935 stieg er auf 56 im Folgejahr. Rund 200 Männer gehörten dem RSD im Jahr 1939 an, am Ende des Krieges waren es nahezu 400. Aus RSD-Angehörigen und Männern der *Leibstandarte* wurde das *Führer-Begleitkommando* gebildet, dessen Stärke je nach Einsatzlage zwischen fünf und elf Männern schwankte. Dazu kam noch eine Begleitmannschaft, die Hitler bei Flügen begleitete, die unter dem Kommando von Hans Baur stand, seines Zeichens persönlicher Pilot des *Führers.* Bewaffnet waren die Leibwächter mit der Walther PPK im Kaliber 7,65 Browning, während des Krieges führten sie meist Maschinenpistolen, Modell MP 38 oder 40, und Pistolen 08 oder P 38. Sie begleiteten Hitler bei seinen Reisen und bewachten seine Wohnungen. Die Sicherung der militärischen Schalt-zentralen – wie des *Führerhauptquartiers* – übernahmen während des Krieges Heeresverbände, die dem späteren Panzerkorps »Großdeutschland« angegliedert waren.

Trotz dieses gewaltigen Aufwands konnten nicht alle Attentate auf Hitler verhindert werden. Das bekannteste war das vom 20. Juli 1944, bei dem Oberst Graf Schenk von Stauffenberg eine Bombe in unmittelbarer Nähe Hitlers deponierte. Durch die Explosion wurden mehrere Personen getötet und zum Teil schwer verletzt, derjenige, dem der Anschlag galt, erlitt jedoch nur leichte Verletzungen.

Einige Utopisten kündigten nach dem Ende des II. Weltkrieges den Beginn eines »Ewigen Friedens« an. Diese Hoffnung wurde ebenso enttäuscht wie die Illusion, innenpolitische Auseinandersetzungen könnten fortan friedlich, mit demokratischen Mitteln, gelöst werden. Die Liste berühmter Attentatsopfer von 1945 bis 2000 ist sicherlich länger als jene von 1900 bis 1950, und immer wieder waren es die Hoffnungträger eines Landes, mitunter sogar großer Teile der Weltbevölkerung, deren Blut vergossen wurde.

Mit friedlichen Mitteln hatte Mohandas Karamchand Gandhi, der sich Mahatma (große Seele) nannte, die Unabhängigkeit Indiens von Großbritannien erkämpft. Aber damit waren die inneren Probleme des Subkontinents nicht gelöst. Trotz seiner unermüdlichen Versuche, einen Nationalstaat Indien zu schaffen, in dem alle religiösen Gruppen des Landes vereint sein sollten, hatte er die Spaltung zwischen Hindus und Muslimen nicht verhindern können. Zwei Staaten entstanden im Jahr 1947 aus der vorherigen britischen Kronkolonie: Indien und das muslimische Pakistan. In Indien stellten die Hindus zwar die weitaus stärkste Religionsgemeinschaft, aber auch Muslime und Christen wurden von Neu Delhi aus regiert. Als es wenig später wegen des unabhängigen Fürstentums Kaschmir zum Krieg zwischen Indien und Pakistan kam, waren Pogrome gegen Muslime in Indien an der Tagesordnung. Dem indischen Militär gelang es zwar, die pakistanischen Truppen aus Kaschmir zurückzuschlagen, aber damit waren die Probleme nicht gelöst. Indien verweigerte jetzt Pakistan die Auszahlung des Staatsvermögens, das noch aus der britischen Zeit vorhanden war und welches auf Pakistan und

Indien hätte verteilt werden sollen. Mahatma Gandhi begann daraufhin ein Fasten, um mit seinem Hungern die verfeindeten Länder an den Verhandlungstisch zu zwingen. Nach wenigen Tagen hatte er Erfolg: Es wurde ein Abkommen über die von Indien an Pakistan zu zahlende Ausgleichssumme geschlossen. In dieser aufgeheizten Stimmung scheiterte zwei Tage später ein Attentat hinduistischer Nationalisten auf Gandhi. Den Tätern erschien dessen Politik als zu liberal. Sie setzten sich – analog zu Pakistan – für ein rein hinduistisches Indien ein und griffen dafür zu Pistolen und Handgranaten. Der indische Innenminister wollte Gandhi danach unter Polizeischutz stellen. Gandhi lehnte ab. Er drohte, wenn in seiner Umgebung nur ein einziger uniformierter Polizist auftauche, werde er wieder mit dem Fasten beginnen. Nur Gott könne sein Leben schützen, so glaubte er, und duldete nur einen einzigen Polizeioffizier in seiner Nähe.

Am 30. Januar 1948, dem Tag des Attentats, war der Polizist, der als hervorragender Pistolenschütze galt, nicht in Gandhis Nähe. So hatte Nathuram Godse, ein 39-jähriger radikaler Hindu aus Poona, leichtes Spiel, als er sich unter die Schar der Gandhi-Anhänger mischte und dann aus nächster Nähe mit einer Beretta mehrere Kugeln auf Gandhi abfeuerte. Mehrere Projektile trafen das Opfer in die Brust.

Zwei weitere indische Politiker fielen in den Folgejahren Attentaten zum Opfer. Beide trugen den Familiennamen Gandhi, waren aber mit Mahatma Gandhi nicht verwandt: Am 30. Oktober 1984 tötete ein Sikh-Leibwächter die indische Ministerpräsidentin Indira Gandhi. Fast sieben Jahre später wurde ihr Sohn Rajif das Opfer tamilischer Terroristen.

Mahatma Gandhi lehnte den Schutz seiner Person rigoros ab. Damit sorgte er dafür, dass sein Attentäter leichtes Spiel hatte. Aber auch aufwändige Schutzmaßnahmen können keine Garantie dafür bieten, dass der Schutzperson nichts geschieht. Dies belegt neben dem Attentat des Ali Agca auf Papst Johannes Paul II. (13. Mai 1981) vor allem der Anschlag auf US-Präsident John Fitzgerald Kennedy. Die Ermordung »JFK's« gilt bei vielen Beobachtern und Kritikern bis heute als Paradebeispiel für dilettantischen Personenschutz oder wird als groß angelegte Verschwörung ge-

gen den Präsidenten gedeutet. Die Mafia, die Kubaner und die Russen, der CIA, das FBI, politische Freunde und politische Konkurrenten wurden als Drahtzieher des Attentats ins Spiel gebracht. Die Protokolle über die Ermordung des Präsidenten füllen viele Aktenschränke, in zahllosen Publikationen, Fernsehsendungen und Verfilmungen wurden die Schüsse von Dallas rekonstruiert. Umfragen zufolge glauben drei von vier Amerikanern nicht an die offizielle Version, den Einzeltäter Lee Harvey Oswald. Einige Fakten der Tat sind schnell erzählt:

Kennedy hatte mit einem groß angelegten Reformprogramm begonnen, dem viele Amerikaner aus den Südstaaten zurückhaltend gegenüberstanden. Um seine Kritiker umzustimmen, unternahm er eine Reise durch den Süden der USA. Am 22. November 1963 landete seine Maschine in Dallas/Texas. In einer offenen Limousine fuhr JFK vom Flughafen in die Innenstadt. Als der Wagen um 12.30 Uhr in die Elm Street einbog, fielen Schüsse. Eine halbe Stunde später wurde im Krankenhaus der Tod des Präsidenten bekannt gegeben. Als Täter nahm die Polizei kurze Zeit später Lee Harvey Oswald fest. 48 Stunden nach der Ermordung des Präsidenten tötete der Nachtclubbesitzer Jack Ruby im Souterrain des Polizeigefängnisses den angeblichen Attentäter. Wir werden die Hintergründe der Tat nicht erhellen können, aber einige Punkte sollen dennoch näher betrachtet werden.

Ungereimtheiten gibt es bei der Tatwaffe. Der ehemalige Angehörige des US-Marine Corps, Lee Harvey Oswald, entschied sich bei der Wahl der Tatwaffe nicht für ein in den USA weit verbreitetes Selbstladegewehr wie das leistungsstarke Modell M1 im Kaliber .30-06. Er wählte auch nicht das im Jahr 1957 bei der US-Armee eingeführte Gewehr M 14 im Kaliber .308. Oswald schoss – angeblich – mit einem für 25 Dollar erstandenen italienischen Mannlicher-Carcano Karabiner Modell 1891 im Kaliber 7,35 mm x 51 Breda auf den Präsidenten. Aus diesem Gewehr, das nicht unbedingt wegen seiner Schusspräzision, sondern eher auf Grund seines hakeligen Schlossgangs bekannt wurde, soll er innerhalb von rund acht Sekunden drei Schüsse auf ein fahrendes Ziel abgefeuert haben, von denen zwei das Staatsoberhaupt trafen. Der zweite Schuss soll ein Fehlschuss gewesen sein

BUNTE
ILLUSTRIERTE
Münchner/Frankfurter

Sonderbericht über das Attentat:

John F. Kennedy †

und mit der dritten Kugel soll der Täter den tödlich wirkenden Kopftreffer erzielt haben. Ballistiker in aller Welt beschäftigten sich besonders mit dem angeblich zuerst abgefeuerten Geschoss. Es soll JFK und den texanischen Gouverneur Connally mehrfach verletzt haben. Es soll am Hals des Präsidenten ein- und an seinem Hals ausgetreten sein. Danach traf es Connally an der rechten Schulter, zersplitterte vor dem Austritt aus dem Körper seine fünfte Rippe, drehte sich sodann, durchschlug seinen Speichenknochen der rechten Hand und blieb dann in der Hüfte stecken. Von dort fiel es irgendwann heraus und wurde im Krankenhaus völlig unversehrt gefunden …

Im Zentrum der Kritik stand der *Secret Service*. Angeblich zeigt der britische *Special Air Service (SAS)*, eine militärische Sondereinheit, die auch Anti-Terror- und Personenschutz-Aufgaben übernimmt – ihren Angehörigen immer noch am Bei-

spiel des Kennedy-Attentats, wie Personenschutz *nicht* betrieben werden soll. Den gelungenen Bombenanschlag der *Irisch Republikanischen Armee (IRA)* auf Lord Louis Earl Mountbatten, ehemals Vizekönig von Indien und Mitglied des englischen Königshauses, im Jahre 1979 konnte dies auch nicht verhindern. Es ist objektiv richtig, dass die *Bodyguards* des Präsidenten im Vorfeld des Attentats und auch während der acht Sekunden, in denen die Schüsse fielen, Fehler begingen. Eine völlige Überbetonung des *Bodyguard*-Prinzips bei gleichzeitiger Vernachlässigung der Aufklärungsmaßnahmen in Dallas werden den amerikanischen Personenschützern vorgeworfen. Einige Parallelen zu Sarajewo fallen auf: Die entlang der Wegstrecke eingesetzten Polizisten waren zwar nicht dazu verpflichtet, den Präsidenten korrekt zu grüßen, aber auch ihre Aufmerksamkeit galt viel mehr der imposanten Wagenkolonne als dem Umfeld. Und wie 1914 so war auch in Dallas die Fahrtroute bereits Tage zuvor in den Zeitungen veröffentlicht worden. Das Verdeck der gepanzerten Präsidenten-Limousine war offen, aber kein Leibwächter fuhr auf dem Trittbrett mit. Und keiner der im nächsten Fahrzeug folgenden *Bodyguards* war schnell genug zur Stelle, um nach dem ersten Schuss den Präsidenten in Deckung zu bringen und ihn dabei mit dem eigenen Körper zu schützen. In der Wagenkolonne des Präsidenten fuhr kein Notarzt mit, was heute eine Selbstverständlichkeit ist, ebenso wie zum Beispiel beim Clinton-Besuch in Aachen im Juni 2000 die demonstrative Präsenz polizeilicher Scharfschützen. In Aachen fiel in der Wagenkolonne ein GSG-9-Beamter besonders auf, der mit seinem Präzisionsgewehr auf dem Dach eines Kleintransporters mitfuhr.

Kritiker betonten besonders, dass der *Secret Service* 1963 nicht autark war. Bei allen möglichen Dingen, angefangen von der Ausstattung bis hin zum Zugriff auf Personendateien, waren die Personenschützer des Präsidenten auf die Zusammenarbeit mit der CIA *(Central Intelligence Agency;* Zentraler Nachrichtendienst) und dem FBI *(Federal Bureau of Investigation;* die US-Bundespolizeibehörde) angewiesen. Konkret bedeutet dies, dass dem FBI zwar Hinweise auf den möglichen Attentäter Lee Harvey Oswald vorlagen, aber die Informationen drangen nicht bis zu den Bewachern des Staatsoberhaupts vor.

Bereits drei Tage nach dem Attentat, bei der Beisetzung Kennedys auf dem Heldenfriedhof in Arlington, hatten die staatlichen *Bodyguards* einige richtige Lehren gezogen. Die Leibwächter standen tief gestaffelt um das Grab, was einem Gewehrschützen die Schussabgabe auf die Schutzperson wesentlich erschwerte. Und Präzisionsschützen des *Secret Service* waren weiträumig postiert.

Natürlich nahm sich auch die amerikanische Filmindustrie des Themas an. Don De Lillo gruppiert in *Libra* die vielfältigen Deutungsansätze des Attentats auf den Präsidenten zu einem komplexen Bild der amerikanischen Gesellschaft. Oliver Stone lässt in seinem Epos *JFK* den von Kevin Costner gespielten Staatsanwalt nach den Verschwörern fahnden und entwirft vor dem Zuschauer das Bild einer tief gehenden, höchste Stellen der Gesellschaft einschließenden Verschwörung. Die Ermordung des Präsidenten wird gedeutet als facettenreiche Verschwörung des Staates gegen das Volk.

Die 70er- und 80er-Jahre prägten neue Formen des Terrorismus. Anschläge der *Irisch Republikanischen Armee* (IRA), Palästinensischer Terrorgruppen, der *Action Directe* in Frankreich, der *Roten Brigaden* in Italien oder der militanten baskischen ETA in Spanien, oder der deutschen RAF-Terroristen – auf die wir später noch näher eingehen werden – hielten die Welt in Atem. Die Attentate dieser Terrororganisationen bewirkten auch eine weitere Verstärkung der Schutzmaßnahmen.

Verschiedene afrikanische Staaten halten in Fragen des Schutzes ihrer Repräsentanten trotz gewaltiger innenpolitischer Spannungen nach wie vor einen Dornröschenschlaf. Viele Politiker auf dem schwarzen Kontinent bezahlten diese Sorglosigkeit mit ihrem Leben. Erst im Januar 2001 traf es den Präsidenten des Kongo, Laurent-Désiré Kabila. Auch der Nahe Osten erlangte in den 80er- und 90er-Jahren durch eine Reihe von Mordanschlägen wieder traurige Berühmtheit; die prominentesten Opfer waren der ägyptische Staatspräsident Anwar el Sadat (6. Oktober 1981) und der israelische Premier Itzak Rabin (4. November 1995).*

Die Gründe für ein Attentat waren zu allen Zeiten unterschiedlich. Besonders häufig finden sich unter den Tätern politische Fanatiker, aber recht hoch ist auch die Zahl geistig Verwirrter. In

---

* A.d.B.: Der Mörder Rabins, ein Jurastudent namens Jigal Amir, war Angehöriger der fanatischen Ejal-Gruppe, die seit längerer Zeit die Beseitigung des Verständigungspolitikers geplant hatte. Der erste Anschlag gipfelte im Versuch, die Wasserspülung der Toilette in Rabins Amtssitz mit Nitroglycerin zu füllen. Amir gelang es tatsächlich als Installateur verkleidet in das Gebäude vorzudringen. Da sein Werkzeug versagte, musste er jedoch unverrichteter Dinge wieder abziehen. Dass Attentäter in Krisengebieten durchaus Karriere machen können, belegt ebenfalls ein Beispiel aus Israel. Am ersten politischen Mord im jungen Staat, dem der schwedische UN-Vermittler Graf Folke Bernadotte zum Opfer fiel, war der spätere Ministerpräsident Schamir aktiv beteiligt. Zwei weitere Attentate radikaler Zionisten verdienen in diesem Zusammenhang ebenfalls der Erwähnung: Im März 1957 erschoss Seev Eckstein den Journalisten Dr. Rudolf Kastner vor dessen Haustür in Tel Aviv. Als Mitbegründer einer zionistischen Hilfsorganisation hatte Kastner 1944 in Verhandlungen mit deutschen Stellen und der *Jewish Agency* die Ausreise ungarischer Juden in die Schweiz erwirkt, was ihn – aus Gründen, deren Erläuterung den gegeben Rahmen sprengte – in den 50er-Jahren zu einer Zielscheibe radikaler Zionisten machte. In den 30er-Jahren war Chaim Arlosoroff, außenpolitischer Sprecher der *Jewish Agency*, aus ähnlichen Gründen und vom gleichen geistigen Täterkreis in Tel Aviv ermordet worden. Die *Jewish Agency* hatte 1933 mit dem deutschen Reichswirtschaftsministerium das so genannte Haavara-Abkommen geschlossen, das rund 52.000 deutschen Juden die Ausreise nach Palästina unter Mitnahme ihres Vermögens gestattete. Als die Einwanderung in das damalige britische Mandatsgebiet zu Unruhen unter der arabischen Bevölkerung führte, riegelten die englischen Behörden die Immigration ab.

Das Attentat auf US-Präsident Ronald Reagan

Für weltweites Aufsehen sorgte das Attentat auf US-Präsident Ronald Reagan am 30. März 1981. Und so trug es sich zu:

Um 11.00 Uhr des besagten Tages verlässt der Präsident zusammen mit mehreren Beratern und den für seinen Schutz zuständigen Beamten des *Secret Service* das Weiße Haus, um in seiner gepanzerten Limousine zum Hilton Hotel in Washington zu fahren. Dort trifft er pünktlich ein und hält eine kurze Ansprache, wie allgemein üblich geschützt durch eine durchsichtige kugelsichere Scheibe. Danach verlässt er das Hotel wieder. Was dann geschieht, spielt sich in Sekundenbruchteilen vor laufenden Kameras ab.

Umgeben von vier *Bodyguards* in seiner unmittelbaren Nähe und weiteren sechs Personenschützern in einer Entfernung von weniger als zehn Metern tritt Reagan aus dem Hotel heraus und geht auf die wenige Meter entfernte Staatskarosse zu, die etwas seitlich versetzt vom Eingang wartet. Für diese Strecke braucht Reagan etwa sechs Sekunden. Zügigen Schritts winkt der Präsident dabei der zu seiner Linken versammelten Menschenmenge zu. Rund anderthalb Meter vor Erreichen der geöffneten Limousinentür fällt urplötzlich ein Schuss. Der *Bodyguard*-Kommandoführer, der rechts versetzt hinter Reagan geht, reagiert blitzschnell: Er verschwendet nicht einmal einen Bruchteil einer Sekunde an den Gedanken, seine Waffe zu ziehen oder sich vor den Präsidenten zu stellen. Er tut das, was er in einem solchen Augenblick tun muss: Er packt den Präsidenten mit beiden Armen, drückt dessen Oberkörper nach vorne und schiebt ihn gleichzeitig schwungvoll ins Innere der Limousine. In der letzten Phase wird er dabei von einem Kollegen unterstützt. Danach wird die schwere Fahrzeugtür von einem weiteren *Secret Service*-Beamten zugeschlagen, während der Chauffeur Vollgas gibt.

Zwischen dem Schuss und dem Schließen der Fahrzeugtür vergeht kaum mehr als eine Sekunde. In dieser Zeit kann der unter den Zuschauern stehende Attentäter, John Hickley, aber in rascher Folge die restlichen fünf Schüsse aus seinem Revolver abgeben und mehrere Personen treffen: Ein *Secret Service*-Mann wird getötet und weitere Polizisten verletzt. Ein Berater des Präsidenten namens Brady erhält einen Kopfschuss. Auch der Präsident übersteht den Anschlag nicht unbeschadet: Ein von der gepanzerten Limousine abprallender Querschläger trifft ihn in die linke Brust.

Unmittelbar nach der Abfahrt untersucht der Kommandoführer Ronald Reagan und stellt die Schussverletzung fest. Anstatt ins Weiße Haus zurückzukehren, befiehlt er gemäß Notfallplan mit Höchstgeschwindigkeit das nächstgelegene Krankenhaus anzusteuern. Dort wird der Politiker operiert und sein Leben gerettet.

Der *Secret Service* zieht aus diesem Attentat mancherlei Konsequenzen. Unter anderem wird die Zahl der Personenschützer, die sich möglichst unauffällig unter die Zuschauer mischen, deutlich erhöht. Und noch mehr Aufmerksamkeit als zuvor schenken die *Bodyguards* des Präsidenten seitdem den wenigen Sekunden beim Ein- und Aussteigen aus dem Fahrzeug. Als weitere Folge bringt das Attentat einen Schub in der Entwicklung leichter und dennoch leistungsfähiger Schutzwesten für das unauffällige, verdeckte Tragen.

Für eine Verschärfung des Waffenrechts und damit einen grundlegenden Eingriff in die amerikanische Verfassung tritt Ronald Reagan – im Unterschied zu seinem späteren Nachfolger Clinton – trotz des Anschlages auf seine Person nicht ein. Einer seiner treffendsten Beiträge zur entfachten Waffenrechts-Kontroverse lautet: *Nicht Waffen, Menschen töten!*

Deutschland wurden 1990 zwei Spitzenpolitiker Opfer solcher Täter: Der saarländische Ministerpräsident Oskar Lafontaine wurde bei einem Messerattentat, das eine geistesgestörte Frau verübte, durch Stiche bzw. Schnittwunden am Hals verletzt. Der damalige Bundesinnenminister Dr.

Wolfgang Schäuble (CDU) wurde im Oktober bei einer Wahlkampfveranstaltung angeschossen und lebensgefährlich verletzt. Einige Medienvertreter kritisierten die Personenschützer daraufhin scharf, warfen ihnen zum Teil sogar Unfähigkeit vor. Diese Äußerungen stammten nahezu ausnahmslos aus der Feder von Journalisten, die nur über sehr begrenzte Einblicke in die Möglichkeiten und die Grenzen des Personenschutzes verfügen. Die Experten sitzen nicht in den Redaktionen der Medien und sie melden sich bei solchen Anlässen nicht zu Wort. Erst Jahre nach dem Attentat kommentierte ein erfahrener Personenschützer die Schüsse auf Wolfgang Schäuble lakonisch: »Wenn die Personenschützer nicht so schnell reagiert hätten, hätte Schäuble das Attentat nicht überlebt.«

Das Tauziehen zwischen Attentätern und Personenschützern ist so alt wie die Geschichte. Wenn lange Zeit kein Attentat geschehen ist, dann heißt das längst nicht, dass damit alle Gefahr gebannt ist. Dies gilt auch für Deutschland, in dem die Politiker und Repräsentanten der Wirtschaft seit einigen Jahren von Attentaten verschont geblieben sind. »Vorsicht ist die Mutter der Porzellankiste« – mit dieser Volksweisheit beschreibt ein hochrangiger Beamter der Sicherungsgruppe des Bundeskriminalamtes die Grundhaltung der staatlichen Personenschützer, die für den Schutz hochrangiger Repräsentanten zuständig sind.

Die Sicherungsgruppe des Bundeskriminalamtes

Der gesetzliche Rahmen

Im Mai 1949 trat das Grundgesetz der Bundesrepublik Deutschland in Kraft. Drei Monate später fanden die ersten Bundestagswahlen statt und am 15. September wählte der Deutsche Bundestag Konrad Adenauer zum ersten Bundeskanzler. In der Rückschau erscheinen die späten 40er-Jahre des 20. Jahrhunderts geprägt durch Schlagworte wie demokratischer Neubeginn und Wiederaufbau. Bei näherem Hinsehen offenbaren sich jedoch tief greifende Probleme, die den jungen Staat auf eine ernste Bewährungsprobe stellten.

Die Spaltung Deutschlands zeichnete sich mit der Gründung der beiden deutschen Staaten bereits deutlich ab: Die DDR war aus der Sowjetischen Besatzungszone hervorgegangen und aus der Einfluss-Sphäre der westlichen Alliierten, der Trizone, war die Bundesrepublik Deutschland gebildet worden. Eine Sonderstellung nahm das Saarland ein, das bis zum 1. Januar 1957, dem In-Kraft-Treten des Saarvertrags, französisches »Protektorat« blieb. Die Gründung der Bundesrepublik ging einher mit einer engen wirtschaftlichen und politischen Anbindung an den Westen. Mit dem Beitritt der Bundesrepublik zum Europarat und der vom französischen Außenminister Robert Schumann angeregten Europäischen Gemeinschaft für Kohle und Stahl (Montanunion) entwickelten sich die ersten Wurzeln des Vereinten Europas.

Diese Grundkonstellation sorgte für gewaltigen politischen Sprengstoff. In der deutschen Öffentlichkeit erreichte die Kontroverse um den richtigen politischen Weg einen ersten Höhepunkt, als durch die enge Anbindung der Bundesrepublik an den Westen auch Pläne über eine Wiederbewaffnung diskutiert wurden. Als ersten Schritt in diese Richtung forderte Adenauer bereits am 28. April 1950 die Aufstellung einer mobilen Polizeitruppe des Bundes, die ein Gegengewicht zu den paramilitärischen Verbänden der DDR-Volkspolizei bilden sollte. Ganz entschieden sprach sich der SPD-Vorsitzende Kurt Schumacher gegen die feste Anbindung der Bundesrepublik an die westlichen Alliierten und die angestrebte Wiederbewaffnung aus. Er sah dadurch nicht nur das Risiko einer militärischen Auseinandersetzung mit dem Osten steigen, sondern wertete diese Politik als Widerspruch zu dem im Grundgesetz festgeschriebenen Wiedervereinigungsgebot. Bundesinnenminister Gustav Heinemann, der damals noch der CDU angehörte, trat im Oktober 1950 aus Protest gegen die Wiederaufrüstungspolitik von seinem Amt zurück.

Demonstrationen von Gegnern der Wiederbewaffnung standen im Sommer und Herbst 1950 auf der Tagesordnung. »Nie wieder Krieg!«, schrieben sie auf ihre Plakate. Nicht selten endeten die Kundgebungen in wüsten Schlägereien, in die immer häufiger die Polizei schlichtend eingreifen musste. Auch bei den Nachbarn – insbesondere in Frankreich – führten die Pläne, in Westdeutschland eine deutsche Armee aufzustel-

Der erste Fuhrpark der Sicherungsgruppe in Bonn zu Beginn der 50er-Jahre. Über einen Porsche (2. v.l. links, Modell 356) verfügt die heutige Sicherungsgruppe allerdings nicht mehr. *Foto: BKA-Sicherungsgruppe, Berlin*

len, zu heftigen, teilweise gewalttätigen Ausschreitungen.

In der aufgeheizten Stimmung des Sommers 1950 wuchs besonders das Risiko für die Gallionsfigur der westlich orientierten deutschen Politik, Bundeskanzler Konrad Adenauer. Mit der neuen Sicherheitslage war das bisher zu seinem Schutz abgestellte 5. Kommissariat der Stadtkreispolizei Bonn überfordert. Daher mahnte der Kanzler persönlich am 16. September 1950 die Aufstellung eines etwa 100 Mann starken *Schutz- und Begleitkommandos* an. Über den konkreten Anlass, der zur Aufstellung der Leibwächter führte, besteht keine Klarheit. Manches spricht dafür, dass es ein unspektakulärer Fall war, der den Aufbau der Sicherungsgruppe bewirkte: Ob es nun ein Bewunderer oder ein ganz gewöhnlicher Dieb war, sei dahingestellt. Tatsache ist jedoch, dass Anfang September jemand den Koffer des Bundeskanzlers entwendete. Durch diese Tat riss

der Geduldsfaden des Rheinländers und er forderte die Aufstellung der Personenschützer, die manche in der Folgezeit spöttisch als »des Kanzlers Kofferträger« bezeichneten. Nach dem Attentatsversuch auf den US-Präsidenten Harry S. Truman am 1. November 1950 in Washington forderte der deutsche Kanzler nochmals mit Nachdruck die Schaffung eines *Schutz- und Begleitkommandos*.

Den Grad der subjektiv empfundenen Bedrohung lässt die zeitliche Vorgabe des Kanzlers erahnen; denn bereits im September hatte er gefordert, das Kommando sollte innerhalb eines Monats auf die Beine gestellt werden. Dies war selbst in der verhältnismäßig unbürokratischen jungen Republik nicht zu schaffen. Erst am 7. Mai des folgenden Jahres konnte die beim Bundeskriminalamt angesiedelte *Sicherungsgruppe Bonn* ihre Arbeit aufnehmen. Sie bestand zunächst aus 26 Kriminal- und einem Verwaltungsbeamten.

■ Blumen zum Geburtstag des Bundeskanzlers, Anfang der 60er-Jahre. Die Personenschützer stehen in einer für Januar recht leichten Kleidung jeweils zwei Meter links und rechts neben dem »Alten von Rhöndorf«. *Foto: BKA-Sicherungsgruppe, Berlin*

Über Mangel an Arbeit konnten die Sicherheitsbeamten nicht klagen. Im Kohlenkeller in Adenauers Haus in Rhöndorf fanden sie bei einer Routinekontrolle sechs Sprengkörper. Im September 1951 erhielt das Bundeskanzleramt einen Hinweis auf ein Killerkommando des tschechischen Geheimdienstes, das auf der Fahrstrecke des Bundeskanzlers von Rhöndorf nach Bonn einen Überfall plane. Kurze Zeit später versuchte ein Motorradfahrer am Wagen des Bundeskanzlers eine Bombe anzubringen. Daraufhin wurden die Sicherheitsvorkehrungen bei der Fahrt zum Palais Schaumburg, dem damaligen Amtssitz des Bundeskanzlers in Bonn, deutlich erhöht. In den frühen 50er-Jahren waren diese Maßnahmen für Jedermann sichtbar: Vor dem Wagen des Kanzlers, einem Mercedes 300, fuhren zwei BKA-Beamte in einem Porsche 356. Den Abschluss der Eskorte bildete ein weiterer Mercedes mit Sicherheitsbeamten. Und bereits in diesen frühen Jahren wurde ein Grundsatz des Personenschutzes konsequent umgesetzt, den Wagen mit der zu schützenden Person möglichst immer in Bewegung zu halten. Aus diesem Grund hatte der Führer der Rheinfähre in Dollendorf die Anweisung, nach dem Eintreffen des Kanzler-Konvois unverzüglich abzulegen. Und auch auf dem weiteren Weg nach Bonn ging es ausgesprochen zügig voran. Adenauer galt als begeisterter Autofahrer, der seinen Fahrer stets zu schnellstem Tempo anspornte, dementsprechend heftig mussten auch die Sicherheitsbeamten das Gaspedal niederdrücken.

Am 30. August 1951 formulierte das Bundesministerium des Innern, die dem Bundeskriminalamt vorgesetzte Behörde, die Aufgaben der Sicherheitsfachleute:

Da deutsche Waffen nicht opportun waren, erhielten die Personenschützer des BKA zunächst ausländische Pistolen. Im Bild ein Modell 1910 des belgischen Herstellers FN.
Foto: Horst Friedrich

Ankunft von Bundeskanzler Konrad Adenauer bei einer Veranstaltung Mitte der 50er-Jahre. Der Dienstwagen, ein Mercedes-Benz 300, wird von Schaulustigen umringt. Uniformierte Landespolizisten unterstützen die Personenschützer des BKA, die sich in unmittelbarer Nähe des Kanzlers aufhalten. *Foto: BKA-Sicherungsgruppe, Berlin*

»Auf Anordnung des Herrn Bundeskanzlers ist im Bundesministerium des Innern eine Siche-rungsgruppe mit einer vorläufigen Sollstärke von 30 Kriminal- und 1 Verwaltungsbeamten geschaf-fen worden; die Gruppe hat ihre Tätigkeit aufge-nommen. Sie ist dem Bundeskriminalamt ange-gliedert. Ihr Aufgaben sind:
1. Der persönliche Schutz des Herrn Bundespräsi-denten und der Mitglieder der Bundesregie-rung am Dienstsitz und auf Reisen;
2. die Sicherung der im Bereich der Enklave Bonn gelegenen Dienstgebäude der obersten Bundesbehörden, soweit dies gewünscht wird;
3. die Sicherung der Dienstgebäude ausländi-scher Missionen auf besonderen Antrag;
4. Benachrichtigung der für den Schutz durchrei-sender höchstgestellter Personen zuständigen Dienststellen; erforderlichenfalls deren Unter-stützung;
5. der erste Angriff bei Straftaten, die in unmit-telbarem Zusammenhang mit den Aufgaben-gebieten zu Ziffer 1–4 stehen, erforderlichen-falls auch die weitere Bearbeitung dieser Strafsachen in Verbindung mit den örtlich zu-ständigen Polizei- und Justizbehörden.«
Die umfangreichen Aufgaben bewältigten die Männer der Sicherungsgruppe mit einer kargen Ausrüstung. Der Fuhrpark war klein und bewaff-net waren sie mit belgischen FN-Pistolen Modell 1910/22 im Kaliber 7,65 Browning. Die dazu-gehörenden Pistolentaschen erhielten sie von der Bahnpolizei.

Nicht nur die Ausrüstung mutet aus heutiger Sicht ausgesprochen spartanisch an, auch die Rechtsgrundlage, auf der die Beamten tätig wer-den konnten, war unbefriedigend. Bis zum Februar 1955 besaßen sie keine polizeilichen Eingriffsrechte. Dies bedeutete, sie durften zum Beispiel nicht wie der Schutzmann an der Ecke ei-nen Verdächtigen anhalten und seine Personalien feststellen. Die Personenschützer verfügten zu dieser Zeit lediglich über die »Jedermann-Rechte« der Notwehr, der Nothilfe und des Notstandes und den Bestimmungen nach §127,1 der Strafprozessordnung. Sie hatten somit das Recht, das zur vorläufigen Festnahme berechtigt, wenn jemand auf frischer Tat betroffen oder verfolgt wird und er der Flucht verdächtig ist oder seine Identität nicht sofort festgestellt werden kann. Darüber hinaus besaßen sie in den Dienstgebäu-den ihrer Schutzbefohlenen das Hausrecht.

Die Innenministerkonferenz schuf am 16. Fe-bruar 1955 eine bessere Rechtsgrundlage für das Tätigwerden der Sicherungsgruppe, indem sie

Objektschutz durch den Bundesgrenzschutz

Zu den Aufgaben des am 16. März 1951 gegründeten Bundesgrenzschutzes gehört auch der Schutz von Bundesorganen. In den ersten Jahren waren im Objektschutz die Bedingungen für die BGS-Beamten sehr schlecht. Besonders für die Wachen im Palais Schaumburg, dem damaligen Sitz des Bundeskanzlers, gab es immer wieder Grund zur Klage. Ein BGS-Hauptmann berichtete am 16. September 1952 an den Vorsitzenden des Bundesgrenzschutz-Verbandes, die Interessenvertretung der Bundespolizisten:

»Auf Bitten der Abteilung West III habe ich mir die Wache im Schaumburg-Palais, Bonn, angesehen und war geradezu erschüttert darüber, in welcher Weise dort unsere Männer untergebracht sind. Ich darf Sie bitten, bei Ihrer nächsten Anwesenheit in Bonn unter keinen Umständen zu versäumen, sich das anzusehen. Wenn man hereinkommt - in dieses Wachlokal – haut es einen sofort quer anschließend wieder heraus. Die Wachtmeister und Jäger ihrerseits bringen natürlich mit Recht zum Ausdruck, dass Geld und Mittel zur Ausstattung des Schaumburg-Palais in genügender Weise zur Verfügung gestanden haben und dass die paar Mark zur Herrichtung des Wachlokals in einfachster Form nun nicht mehr vorhanden sind. Das Wort, dass diese Unterkunft schlechter ist als manche Unterkünfte des russischen Feldzuges 1941–45 stammt von mir, und ich habe es auch bereits im BmdI [Bundesministerium des Innern] anlässlich einer Besprechung über andere Dinge nebenbei erwähnt.«

Im Laufe der Jahre verbesserten sich zwar die Arbeitsbedingungen für die BGS-Beamten, aber der Objektschutz, die Bewachung der Schaltzentralen der Macht, lässt unter den meisten Bundespolizisten weder in Bonn oder Karlsruhe noch in Berlin Begeisterung aufkommen.

■ Amtsantritt von Bundeskanzler Willy Brandt am 22. 10. 1969. Vor dem Sitz des Bundeskanzlers, dem Palais Schaumburg, präsentieren BGS-Beamte das Gewehr. Rechts von Brandt der Inspekteur des BGS, Generalmajor von Platen. Erst Brandts Nachfolger, Helmut Schmidt, bezog im Jahr 1976 das neue Kanzleramt in Bonn.

■ Begleitschutz für den Bundeskanzler (Autokennzeichen 0–2). Nach Morddrohungen und Attentatsversuchen verstärkte die Sicherungsgruppe die Schutzmaßnahmen auch während der Routinefahrten vom Wohnhaus Adenauers in Rhöndorf nach **Bonn.** *Foto: BKA-Sicherungsgruppe, Berlin*

den Beamten den Status von Hilfspolizisten verlieh. Somit erhielten sie die Befugnisse, die notwendig waren, um Gefahren von der Schutzperson abzuwehren.

Manches ändert sich nie. Als kurze Zeit nach der Aufstellung der Sicherungsgruppe die direkte Bedrohung der höchsten Repräsentanten etwas geringer eingeschätzt wurde, machte man sich auf die Suche nach zusätzlichen Tätigkeitsfeldern für die Personenschützer. Die Sicherungsgruppe wurde wenig später mit den Ermittlungen in Fällen des Hoch-, Verfassungs- und Landesverrats beauftragt. Damit nicht genug. Die Oberstaatsanwaltschaft Bonn übertrug der Sicherungsgruppe auch die Ermittlungsaufträge in Strafsachen, in denen Angehörige von Bundesbehörden Beschuldigte waren. Es kam so, wie es kommen

musste. Die Arbeitsbelastung war nunmehr zu hoch und die Sicherungsgruppe musste folglich am 1. Mai 1952 in zwei Bereiche untergliedert werden: In die Unterabteilung I, die eigentliche Sicherungsgruppe, und die Unterabteilung II, den Ermittlungsdienst.

Gemessen an den heutigen detaillierten Vorgaben, waren die Aufgaben der Sicherungsgruppe bis Mitte der 60er-Jahre nur recht vage formuliert. Dies änderte sich erst mit dem Durchführungserlass des Bundesministeriums des Innern vom 11. Mai 1965. Den bundesrepublikanischen Personenschützern oblag der Schutz der Wohngebäude des Bundespräsidenten, des Bundeskanzlers und geladener ausländischer Gäste. Des Weiteren waren sie für den Schutz von Bundesministern und der Leiter der obersten

Bundesorgane zuständig, sofern diesem Personenkreis vom BKA eine besondere Gefährdung bescheinigt wurde.

Einen bedeutsamen Einschnitt in die Geschichte der Sicherungsgruppe brachte die Entführung des deutschen Botschafters in Guatemala, Graf Karl von Spreti. Als sich die Regierung des mittelamerikanischen Staates weigerte, die Forderungen der Entführer zu erfüllen, töteten diese den 62-jährigen v. Spreti am 6. April 1970 mit mehreren Kopfschüssen. Die Bonner Politiker reagierten rasch und übertrugen dem BKA noch im gleichen Jahr den Schutz der deutschen

Botschafter in den Staaten, die vom Auswärtigen Amt als gefährlich eingestuft wurden. In der Hochzeit beschützte die Sicherungsgruppe des Bundeskriminalamtes zehn Botschafter. Im Frühjahr 2001 waren es nur noch drei, die des Personenschutzes durch die Sicherungsgruppe bedurften. Für die Bewachung der Botschaftsgebäude ist hingegen der Bundesgrenzschutz zuständig.

Die Terrorakte der Baader-Meinhof-Gruppe und der daraus hervorgegangenen *Roten Armee Fraktion* (RAF) veränderten vieles in der Bundesrepublik Deutschland. Insbesondere die Organi-

Offizieller Staatsbesuch des französischen Staatspräsidenten Charles de Gaulle in der Bundesrepublik, September 1962. Durchfahrt durch die Bonner Innenstadt. Die starke Polizeipräsenz spiegelt auch die problematische innenpolitische Lage der französischen Republik zu Beginn der 60er-Jahre wider, die von Anschlägen der OAS (*Organisation Armée Secrète* – Organisation der geheimen Armee) erschüttert wurde. Diese Untergrundorganisation von Soldaten und Algerienfranzosen wehrte sich mit Gewalt gegen die von de Gaulle betriebene Lösung Algeriens vom »Mutterland Frankreich« in der Endphase des Algerienkriegs, der militärisch gewonnen schien.

Foto: BKA-Sicherungsgruppe, Berlin

■ Ankunft von Bundespräsident Heinrich Lübke im August 1960 auf dem Bahnhof in Coburg. BGS-Beamte bilden ein Ehrenspalier. Die Personenschützer bewegen sich im Hintergrund.

sationsstruktur der Polizei wurde nach den Anschlägen der Terroristen grundlegend reformiert und den neuen Herausforderungen angepasst. Nach dem Olympia-Attentat von 1972 hob der Bundesinnenminister die *Grenzschutzgruppe 9* (GSG 9) aus der Taufe und die Bundesländer stellten Schritt für Schritt *Spezialeinsatzkommandos* auf. Nahezu zeitgleich erfolgte unter der Ägide des BKA-Präsidenten Dr. Horst Herold die 2. Änderung des BKA-Gesetzes. Der immer wieder gern zitierte Grundsatz, nach dem Polizei Ländersache sei, wurde im Jahr 1973 in einem wichtigen Punkt durchbrochen. Vorbeugende Maßnahmen zum

Schutz der Verfassungsorgane des Bundes – des Bundespräsidenten, des Bundestages, des Bundesrates, der Bundesregierung, des Bundesverfassungsgerichtes in Karlsruhe und der Bundesversammlung – oblagen auf Grund der 2. Änderung des BKA-Gesetzes nicht mehr den jeweiligen regional zuständigen Länderpolizeien (Nordrhein-Westfalen für Bonn und Baden-Württemberg für Karlsruhe), sondern dem Bundeskriminalamt. Erst seit dem In-Kraft-Treten des Gesetzes am 29. Juni 1973 bekamen die Personenschützer für ihre Tag für Tag wahrgenommenen Aufgaben den gesetzlichen Auftrag.

Die größte Herausforderung für den Personenschutz: Der Terror der RAF

Die Wurzeln des deutschen Linksterrorismus liegen in den Studentenunruhen des Jahres 1967. Während der Demonstrationen gegen den Schahbesuch kam es am 2. Juni 1967 zu einem Schusswaffengebrauch eines Kriminalbeamten, dem der Student Benno Ohnesorg zum Opfer fiel. In der Folgezeit standen gewalttätige Auseinandersetzungen zwischen Studenten und Polizisten auf der Tagesordnung. Zu Beginn der 70er-Jahre erhielt die Gewalt mit den von der Baader-Meinhof-Gruppe begangenen Brandanschlägen auf Kaufhäuser eine neue Qualität.

Weitere Terrororganisationen kamen hinzu, die auch immer öfter bei ihren Straftaten von der Schusswaffe Gebrauch machten: Im Jahr 1974 ermordeten Mitglieder der »Bewegung 2. Juni« den Berliner Kammergerichtspräsidenten Günter von Drenkmann.

Im Februar 1975 trat die »Bewegung 2. Juni« erneut auf. Sie entführte wenige Tage vor den Wahlen zum Berliner Abgeordnetenhaus den Vorsitzenden der Berliner CDU, Peter Lorenz, und drohte mit der Erschießung des Politikers, falls die Bundesregierung ihren Forderungen nicht

■ Am Morgen des 7. April 1977 erschossen Mitglieder der Terrororganisation RAF Generalbundesanwalt Siegfried Buback, seinen Fahrer und einen Polizeibeamten in Karlsruhe. Die Täter hatten den Dienstwagen (Kennzeichen LB-MV 949) eine zeitlang auf einer Suzuki verfolgt. Unmittelbar nachdem der Mercedes an einer Ampel wieder anfuhr, feuerte der auf dem Sozius sitzende Täter aus einer Maschinenpistole durch die rechten Seitenfenster in das Wageninnere.
Foto: BKA, Wiesbaden

nachgeben sollte. Nach sechs Tagen beugte sich Bundeskanzler Schmidt den Bedingungen der Terroristen. Im Austausch für den Christdemokraten entließ die Bundesregierung fünf inhaftierte Mitglieder linksradikaler Terrororganisationen. Mit dem Berliner Pfarrer Hans Albertz flogen Verena Becker, Gabriele Kröcher-Tiedemann, Rolf Pohle, Rolf Heißler und Ingrid Siepmann nach Aden im Süd-Jemen. Einige der Freigepressten begingen bereits kurze Zeit später neue, schwere Straftaten.

Manche Medien und auch Wissenschaftlern kritisierten die nachgiebige Haltung der Bundesregierung scharf. Der damalige Direktor des Londoner Instituts für Zeitgeschichte, Walter Laqueur, betonte, Nachgiebigkeit gegenüber Terroristen sei nicht empfehlenswert; denn erfahrungsgemäß führe eine erfolgreiche Erpressung zur nächsten. Seine These erwies sich als richtig.

Noch nicht einmal zwei Monate vergingen nach dem Entführungsfall Lorenz, bis deutsche Terroristen wieder aktiv wurden. Ein »Kommando Holger Meins« überfiel die deutsche Botschaft in Stockholm. Die Täter töteten bei ihrem Überfall vom 24. April den Militärattaché von Mirbach und den Handelsattaché Hillegaard. Der Botschafter Dieter Stoecker wurde bei dem Anschlag leicht verletzt. Diesmal blieb die Bundesregierung hart und gab den Terroristen, die die Freilassung weiterer Gesinnungsgenossen forderten, nicht nach.

Den absoluten Höhepunkt der terroristischen Gewalt in Deutschland bildeten im Jahr 1977 die Morde der RAF. Am 7. April 1977 erschossen die Terroristen in Karlsruhe Generalbundesanwalt Siegfried Buback, seinen Fahrer und einen Polizeibeamten. Am 30. Juli töteten sie bei einem missglückten Entführungsversuch den Vorstandsvorsitzenden der Dresdner Bank, Jürgen Ponto.

Seit den ersten Anschlägen der Terrorgruppen erhöhten die zuständigen staatlichen Institutionen die Schutzmaßnahmen für die besonders gefährdeten Personen. Bereits im Jahr 1975 stufte daher das baden-württembergische Landeskriminalamt den Präsidenten der Bundesvereinigung der Deutschen Arbeitgeberverbände, Dr. Hanns-Martin Schleyer, als gefährdet ein. Er wurde in die Sicherheitsstufe 3 eingruppiert, die dann gegeben ist, wenn eine Gefährdung der jeweiligen Person »nicht auszuschließen« ist. Durch die Auswertung unterschiedlicher Quellen kam das baden-württembergische Innenministerium im August 1977 zu der Bewertung, sein Leben sei »erheblich gefährdet, mit einem Anschlag ist zu rechnen.« Daraufhin wurde für Schleyer die Sicherheitsstufe 1 angeordnet und hiervon – so wie es die Regel vorsieht – auch das Bundesministerium des Innern unterrichtet. Auch in Bonn teilte man die Auffassung der Kollegen aus Stuttgart. Die Durchführung der Schutzmaßnahmen oblag der Polizei des Landes Baden-Württemberg. Eine der Maßnahmen war die Aufstellung von Begleitschutzkommandos, die jeweils aus mindestens drei Beamten bestanden und Schleyer ständig begleiteten. Diese Kommandos übernahmen auch den Schutz der Wohnung des Arbeitgeberpräsidenten in Köln, in der für die begleitenden Beamten eine Unterkunft eingerichtet wurde. Die weiteren Wohnungen in Meersburg und in Stuttgart wurden 24 Stunden am Tag durch mindestens einen Doppelposten bewacht.

Am späten Nachmittag des 5. September 1977 befindet sich Dr. Hanns-Martin Schleyer mit seinem Pkw Mercedes 450 SEL mit dem amtlichen Kennzeichen K-VN 345 auf der Fahrt von der Bundesvereinigung der Deutschen Arbeitgeberverbände in Köln, Oberländer Ufer 72, zu seiner Wohnung in Köln-Braunsfeld, Raschdorffstraße 10. Sein Wagen wird gelenkt von dem 41-jährigen Kraftfahrer Heinz Marcisz. Zu seinem persönlichen Schutz folgen in einem Dienstfahrzeug der Polizei drei Beamte: Der 41-jährige Polizeihauptmeister Reinhold Brändle, sein 24-jähriger Kollege, Polizeihauptwachtmeister Helmut Ulmer und der 20-jährige Polizeimeister Roland Pieler.

Gegen 17.25 Uhr fahren die beiden Fahrzeuge in westlicher Richtung auf der Friedrich-Schmidt-Straße, in die von rechts die Raschdorffstraße einmündet. Da man von der Friedrich-Schmidt-Straße nicht in die Raschdorffstraße einbiegen darf, fährt die Kolonne daran vorbei und dann nach rechts in die zur Raschdorffstraße parallel

■ Köln, 5. September 1977. Entführung des Präsidenten der Arbeitgeberverbände, Hanns-Martin Schleyer. Drei Personenschützer der baden-württembergischen Landespolizei und ein Kraftfahrer werden von den Terroristen ermordet.
Foto: BKA, Wiesbaden

verlaufende Vincenz-Statz-Straße hinein, um von hier über die Aachener Straße zur Wohnung Schleyers zu gelangen.

Unmittelbar nach dem Einbiegen in die Vincenz-Statz-Straße muss Schleyers Fahrer stark bremsen, weil quer zur Fahrbahn – halb auf dem Gehweg, halb auf der Straße – ein gelber Mercedes-Pkw mit dem Kennzeichen K – LZ 589 steht und links neben dem Fahrzeug ein blauer Kinderwagen liegt. Der Wagen mit dem Begleitschutzkommando fährt auf Schleyers Wagen auf. In diesem Augenblick rennen von links fünf Personen auf die beiden Fahrzeuge zu. Sie eröffnen das Feuer und töten den Fahrer und die drei Polizeibeamten.

Kriminaltechnischen Untersuchungen ergaben, dass zwei Polizeibeamte von ihren Schusswaffen Gebrauch machten. Von ihnen wurden drei Projektile des Kalibers 9 x 18 Ultra aus einer Pistole des Herstellers Walther, Modell PP-Super,

und acht Patronen des Kalibers 9 mm Parabellum aus einer Maschinenpistole MP 5 von Heckler & Koch verfeuert. Die Täter schossen bei ihrem Überfall aus fünf Waffen: Einer polnischen Maschinenpistole PM 63 im Kaliber 9 mm Makarow, zwei Schnellfeuergewehren von Heckler & Koch, Modell 33 im Kaliber .223 und zwei Schrotflinten des Kaliber 12/70. Mehr als 100 Schuss verfeuerten die Täter insgesamt, von denen mindestens sieben das Fahrzeug Hanns-Martin Schleyers und mindestens 60 die weiße Limousine der begleitenden Polizeibeamten trafen.

Wiederum forderten die Entführer von der Bundesregierung die Freilassung ihrer in Deutschland inhaftierten Gesinnungsgenossen. Bundeskanzler Helmut Schmidt, sein Kabinett und auch die im Krisenstab vertretene Opposition aus CDU und CSU blieben hart. Keine Zugeständnisse, so hieß ihre Handlungsmaxime.

Der Bundeskanzler stellte in einer Fernseh-erklärung vom 5. September besonders heraus, dass die Bekämpfung des Terrorismus nicht nur die Sache der staatlichen Sicherheitsorgane sei: »Wer von Ihnen auch immer nur die kleinste Information über den Hintergrund der Morde hat oder auch nur den kleinsten sachdienlichen Hinweis auf den Hintergrund des heutigen Verbrechens und auf die Entführung von Hanns-Martin Schleyer geben kann, der hat als Bürger unseres Rechtsstaates die unabweisbare morali-sche Pflicht, die Polizei bei ihrer Fahndung nach den Mördern und Entführern aktiv zu unterstüt-zen. Dies ist meine Bitte an Sie alle. Die blutige Provokation in Köln richtet sich gegen uns alle. Wir alle sind aufgefordert, den staatlichen Organen beizustehen, wo immer das dem Einzelnen möglich ist.« Die Parteien und Gewerkschaften, Hochschullehrer, die Presse und die Kirchen schlossen sich dem Appell des Bundeskanzlers an. Besonders eindringlich wand-te sich die Deutsche Bischofskonferenz in ihrer Erklärung vom 21. September 1977 gegen die Terroristen und ihr Umfeld: »Nachdrücklich wen-den wir uns an jene Menschen und Gruppen in unserer Gesellschaft, die durch ihre bisherige Unterstützung – in welcher Weise auch immer – das unmenschliche Werk des Terrorismus ermög-licht und das Ergreifen der Täter verhindert ha-ben: Geben Sie ihre direkte oder indirekte Mitwirkung an Verbrechen auf. Begreifen Sie ih-re Mitverantwortung an dem furchtbaren Leid einzelner Menschen und ganzer Familien. Erkennen Sie endlich, dass gesellschaftliche Verhältnisse durch Hass, Brutalität und Mord nicht verbessert werden können. Kehren Sie um und verhindern Sie, dass Ihre Schuld noch größer wird.«

Am 13. Oktober entführte ein vierköpfiges Terrorkommando die Lufthansa-Maschine »Landshut«. Durch dieses Hijacking sollte der Druck auf die Bundesregierung verstärkt und diese zum Nachgeben gezwungen werden. Der Plan der Terroristen ging nicht auf. Auch nachdem sie den Flugkapitän Jürgen Schu-mann bei einem Zwischen-stopp in Aden ermorde-ten, blieb die Bundesre-gierung bei ihrer Haltung. Wenige Stunden nachdem die Maschine in Somalias Hauptstadt Mogadischu gelandet war, und alle Versuche einer diplomati-schen Lösung der Gei-selnahme gescheitert wa-ren, befahl Bundeskanzler Schmidt den Einsatz der Anti-Terror-Spezialeinheit GSG 9. Unter dem Kom-mando von Ulrich K. We-gener stürmten die BGS-Beamten das Flugzeug

■ Heidelberg, 15. September 1981. Der sondergeschützte Dienstwagen des US-Gene-rals Kroesen, ein Mercedes-Benz Modell 350, wird vom Geschoss einer Panzerfaust RPG 7 russischer Bauart am Heck getroffen. Der General erlitt, obwohl der Wagen stark beschädigt wurde, nur leichte Schnittverletzungen im Gesicht. Die rückstoßfreie RPG 7 verschießt etwa zwei kg schwere Hohlladungsgranaten, die mit einer Anfangs-geschwindigkeit von 120 m/sec das 95 cm lange Abschussrohr verlassen. Die Einsatz-schussweite liegt bei etwa 350 m. Ein geübter Schütze kann in der Minute sechs Gra-naten aus der RPG 7 abfeuern. Die RAF-Terroristen ließen die Waffe am Tatort zurück.
Foto: BKA, Wiesbaden

und befreiten die 86 Geiseln. Die Begeisterung in den deutschen Medien und der Öffentlichkeit kannte danach keine Grenzen mehr. Die Männer der GSG 9 wurden zu »Helden von Mogadischu«, wochenlang bestimmte ihre Befreiungsaktion die Schlagzeilen. Über lange Zeit diskutierte die deutsche Öffentlichkeit aber auch, ob die mit der harten Haltung der Bundesregierung zwangsläufig verbundenen Opfer gerechtfertigt waren; denn der Arbeitgeberpräsident, der höchste Vertreter der deutschen Wirtschaft, bezahlte die Unnachgiebigkeit der Politiker mit seinem Leben. Die Freude über den Erfolg gegen den Terrorismus wurde überschattet durch die Selbstmorde der RAF-Mitglieder Baader, Ensslin und Raspe im Gefängnis in Stuttgart-Stammheim. Ihr Tod rief in der Sympathisantenszene erbitterte Vorwürfe gegen den Staat hervor, die in der Legende gipfelten, die Inhaftierten seien ermordet worden.

Wie schwierig es war, gegenüber den Forderungen der Terroristen nicht nachzugeben, unterstrich Bundespräsident Walter Scheel bei der Trauerfeier für Hanns-Martin Schleyer und hob besonders die geschlossene Haltung der deutschen Politiker hervor: »Diese gemeinsame Pflichterfüllung hat unsere Demokratie gestärkt.

Die Bürger vertrauen darauf, dass bei ähnlichen Bedrohungen die gleiche Gemeinsamkeit herrschen wird.«

Auch nach dem Höhepunkt des Terrors der RAF im Jahr 1977 musste die Bundesrepublik Deutschland noch viele Opfer beklagen. Am 27. Juni 1993 endete die Mordserie der RAF auf dem Bahnhof von Bad Kleinen, als der Terrorist Wolfgang Grams den Polizeikommissar Michael Newrzella kaltblütig tötete. Einige Jahre später löste sich die RAF auf, angeblich habe man eingesehen, dass der von der RAF eingeschlagene Weg der falsche Weg gewesen sei. Manche Träumer glaubten, damit habe der Terror in Deutschland ein Ende gefunden. Ausländische extremistische Gruppierungen töten nach wie vor – auch in der Bundesrepublik – und Experten aus den Verfassungsschutzämtern warnen vor einem sich entwickelnden Rechtsterrorismus. Und wer die bürgerkriegsartigen Krawalle und Plünderungen des roten Mobs – von Medien und Politikern noch immer gerne verharmlosend und apolitisch als »Chaoten« und »Randalierer« bezeichnet – am 1. Mai 2001 in Berlin und Frankfurt verfolgte, wird auch das steigende Gewaltpotential der so genannten Autonomen und des Linksextremismus richtig einschätzen können.

■ Bonn-Ippendorf, 10. Oktober 1986. RAF-Terroristen ermorden den Leiter der Politischen Abteilung im Auswärtigen Amt, Ministerialdirektor Dr. Gerold von Braunmühl, vor seinem Wohnhaus.
Foto: BKA, Wiesbaden

■ Bonn, 20. September 1988. RAF-Terroristen beschießen mit einer Vorderschaftsrepetierflinte das Fahrzeug des Staatssekretärs im Finanzministerium, Dr. Hans Tietmeyer. Der Politiker und sein Fahrer bleiben unverletzt. Die Schrotflinte war am 5. November 1984 zusammen mit 23 weiteren Waffen bei einem Raubüberfall auf das Waffengeschäft Walla in Maxdorf entwendet worden.
Foto: BKA, Wiesbaden

■ Bad Homburg, 30. November 1989. RAF-Terroristen ermorden den Vorstandssprecher der Deutschen Bank AG, Dr. Alfred Herrhausen. Als sein Wagen eine Lichtschranke durchfuhr, wurde die tödlich wirkende Sprengstoffexplosion ausgelöst. *Foto: BKA, Wiesbaden*

Gesetze besitzen nur selten für die Ewigkeit Gültigkeit, sondern müssen häufig an die aktuellen Gegebenheiten angepasst werden. Diese Grundregel betraf auch das BKA-Gesetz. Seit dem 1. August 1997 sind die Aufgaben der Sicherungsgruppe im §5 festgeschrieben:

»Unbeschadet der Rechte des Präsidenten des Deutschen Bundestages [der dort nach Art. 40, Satz 2 des Grundgesetzes auch die Polizeigewalt innehat] und der Zuständigkeit des Bundesgrenzschutzes [der den Objektschutz übernimmt] und der Polizeien der Länder [unter anderem zuständig für die Vertreter der Landesorgane und Botschafter] obliegt dem Bundeskriminalamt

(1) der erforderliche Personenschutz für die Mitglieder der Verfassungsorgane des Bundes sowie in besonders festzulegenden Fällen der Gäste dieser Verfassungsorgane aus anderen Staaten;

(2) der innere Schutz der Dienst- und der Wohnsitze sowie der jeweiligen Aufenthaltsräume des Bundespräsidenten, der Mitglieder der Bundesregierung und in besonders festzulegenden Fällen ihrer Gäste aus anderen Staaten.

Sollen Beamte des Bundeskriminalamtes und der Polizei eines Landes in den Fällen des Absatzes 1 zugleich eingesetzt werden, so entscheidet darüber das Bundesministerium des Innern im Einvernehmen mit der obersten Landesbehörde.«

Das Gesetz reagierte auch auf eine Veränderung in der Taktik des Personenschutzes, auf die an anderer Stelle näher eingegangen wird. In der neuen Gesetzesfassung wurde das Merkmal der »Unmittelbarkeit« des Personenschutzes gestrichen. Damit trug der Gesetzgeber einer Entwicklung Rechnung, die bereits Jahrzehnte zuvor gang und gäbe gewesen war. Schon seit vielen Jahren bestand der Personenschutz aus zwei nebeneinander bestehenden Konzepten: Dem reinen »*Bodyguard*-System«, auch als direkter Personenschutz beschrieben und den im Rahmen des Personenschutzes zu treffenden präventiven Maßnahmen. Für dieses Maßnahmenbündel erhielt das BKA mit der Gesetzesnovellierung von 1997 den notwendigen rechtlichen Rahmen. Die §§21 bis 25 des BKA-Gesetzes regeln, was ein Personenschützer darf, falls Tatsachen vorliegen, die die Annahme rechtfertigen, dass eine Straftat

gegen Leib, Leben oder Freiheit einer Schutzperson oder gemeingefährliche Straftaten gegen die Räumlichkeiten der Verfassungsorgane verübt werden sollen. §21 enthält neben der Generalklausel die sonstigen Befugnisse, die dem Personenschützer zur Verfügung stehen. Hierzu gehören zum Beispiel die Identitätsfeststellung von Personen, deren Durchsuchung und die Durchführung erkennungsdienstlicher Maßnahmen. Die Befugnisse schließen die Möglichkeit eines Platzverweises der betreffenden Person ein, können aber auch in ihrer Ingewahrsamnahme bestehen. Des Weiteren können – wie §23 des Gesetzes regelt – personenbezogene Daten mit technischen Mitteln erhoben werden. Dazu zählen alle möglichen Maßnahmen im Rahmen einer Observation, die Anfertigung von Bildaufnahmen ebenso wie die Aufzeichnung von Gesprächen. Diese Arbeiten gehören zum Aufgabenbereich des *Referates SG 14,* das sich mit »Besonderen Schutzaufgaben« befasst. Hierunter fallen die nicht offenen Personenschutz-Maßnahmen, die, wenn es zum Beispiel darum geht, einen Besuch eines Politikers vorzubereiten, bereits mehrere Wochen vor dem Termin beginnen können.

Von manchen Juristen wurde die Neuregelung des BKA-Gesetzes zum Teil scharf kritisiert. Besonders argwöhnisch nahmen sie §23 unter die Lupe, in dem den Bundespolizisten die Anwendung besonderer Mittel erlaubt wird, um den Schutz von Mitgliedern der Verfassungsorgane sicherzustellen. Sie legten unter anderem dar, damit sei dem so genannten *Großen Lauschangriff* Tür und Tor geöffnet. Die Maßnahmen nach §23 BKA-Gesetz können sich unter anderem gegen Personen richten, über die Erkenntnisse vorliegen, dass sie zum Beispiel eine Straftat gegen eine Schutzperson planen. In diesen Fällen kann der Leiter der für den Personenschutz zuständigen Abteilung des BKA anordnen, dass über den Verdächtigen Daten erhoben werden. Hierzu kann auch die Observation der Person über einen längeren Zeitraum dienen. Es können aber auch die Wohnung des Verdächtigen mit technischen Mitteln überwacht oder von ihm Bildaufnahmen oder -aufzeichnungen gefertigt werden. Und es besteht die Möglichkeit, für diese Observationen Personen einzusetzen, die »nicht dem Bundes-

Organigramm der Sicherungsgruppe des Bundeskriminalamtes

Abteilung Sicherungsgruppe

Gruppe SG 1
Schutzaufgaben Verfassungsorgane

Gruppe SG 2
Andere Schutzaufgaben

Referat SG 11
Bundespräsident, Bundesminister und weitere Verfassungsorgane des Bundes

Referat SG 21
Grundsatzangelegenheiten unter anderem Personenschutzausbildung

Referat SG 12
Bundeskanzler, Bundesminister und weitere Verfassungsorgane des Bundes

Referat SG 22
Führungs– und Lagezentrum

Referat SG 13
Bundesminister und weitere Verfassungsorgane des Bundes

Referat SG 23
Schutzaufgaben Staatsgäste/Staatsakte

Referat SG 14
Besondere Schutzaufgaben

Referat SG 24
Zeugenschutz

Referat SG 15
Bundesminister und weitere Verfassungsorgane des Bundes (Bonn/Karlsruhe)

Die Gliederung der BKA-Sicherungsgruppe im Jahr 2001.

kriminalamt angehören und deren Zusammenarbeit mit dem Bundeskriminalamt Dritten nicht bekannt ist.« Diese Maßnahmen sind grundsätzlich zeitlich auf einen Monat begrenzt.

Andere Kritiker prangerten besonders die nach ihrer Auffassung im §10 II enthaltene Möglichkeit der Kooperation mit den Nachrichtendiensten an und sahen darin eine Aushöhlung der in der Verfassung festgeschriebenen Gewaltentrennung.

Letztlich lässt sich aus dieser Diskussion eine der Grundfragen in jedem Rechtsstaat herausschälen: Wie weit darf der Staat die Freiheit seiner Bürger einschränken, um deren Sicherheit aufrechtzuerhalten?

Wie gefährdet ist eine Person?

Viele Dinge erscheinen auf den ersten Blick einfach und unkompliziert, schaut man jedoch näher hin, dann entpuppen sie sich als außerordentlich komplex und schwierig. Für den Personenschutz gilt dies in besonderem Maße; denn die einfache Frage: Wie gefährdet ist jemand? ist in der praktischen Umsetzung außerordentlich schwierig zu beantworten. Blickt man zurück an die Anfänge der Sicherungsgruppe, so wird ein Gesichtspunkt sofort deutlich. Von Beginn an wurde die Zahl der zu schützenden Personen sehr gering gehalten. Dafür gab es zwei Begründungen. Zum einen gal-

■ Bundestagswahlkampf im Spätsommer 1965. In unmittelbarer Nähe des amtierenden Bundeskanzlers Ludwig Erhard stehen zwei Personenschützer des BKA. *Foto: BKA-Sicherungsgruppe, Berlin*

ten damals – vor dem Hintergrund der allgemeinen Sicherheitslage – nur sehr wenige Politiker als gefährdet, zum anderen waren die personellen Ressourcen im Personenschutz außerordentlich knapp. Anders ausgedrückt: Mit den wenigen Polizeibeamten der Sicherungsgruppe konnten auch nur wenige Politiker beschützt werden. Die Zahl der Personenschützer wurde im Lauf der Jahre mehrfach aufgestockt. Manche Kritiker behaupten, es sei zunächst die Zahl der Personenschützer und erst dann die Zahl der zu schützenden Personen erhöht worden. Betrachtet man das Verfahren zur Feststellung der Gefährdungsstufe näher, erscheint diese These haltlos.

Es liegt auf der Hand, dass die Kriterien, die zur Beurteilung der Gefährdungslage einer Person herangezogen werden und das Überprüfungsverfahren ab einem gewissen Punkt Geheimhaltungsnotwendigkeiten unterliegen. Es können daher an dieser Stelle nur allgemeine Hinweise gegeben werden. Es wurde in diesem Kapitel bereits beschrieben, dass die rechtlichen Grundlagen seit 1951 so verändert wurden, dass es den Personenschützern des BKA seither möglich ist, nicht nur im Rahmen der Nothilfe tätig zu werden, sondern bereits im Vorfeld eines Attentats – präventiv – tätig zu werden. In diesem Zusammenhang muss zuerst geprüft werden, ob ein Schadenseintritt für ein Mitglied eines Verfassungsorgans mit hinreichender Wahrscheinlichkeit angenommen werden muss. Der gesetzliche Auftrag des BKA sieht vor, dass dies dann der Fall ist, wenn Umstände bekannt sind, die einen Angriff gegen das Leben, die körperliche Unversehrtheit und die Willens- und Handlungsfreiheit eines Mitglieds eines Verfassungsorgans darstellen. Was bedeutet dies konkret? Personenschutz durch das BKA erhalten nicht nur Politiker, deren Leben direkt bedroht ist. Unter den Schutz der SG kann zum Beispiel auch ein Richter am Bundesverfassungsgericht gestellt werden, wenn Hinweise auf eine Erpressung vorliegen. Die für eine solche Entscheidung notwendigen Daten erhält das BKA durch die Analyse vieler unterschiedlicher Erkenntnisse.

In §6 des im Jahr 1997 überarbeiteten BKA-Gesetzes ist festgeschrieben, wer über den beschriebenen Personenkreis hinaus noch in den Zuständigkeitsbereich der Sicherungsgruppe fällt:

»Dem Bundeskriminalamt obliegt der Schutz von Personen, deren Aussage zur Erforschung der Wahrheit von Bedeutung ist oder war. Gleiches gilt für deren Angehörige und Sonstige ihnen nahe stehende Personen.«

Selbstverständlich gilt diese Regelung nicht für jede Straftat, sondern nur für solche, die landläufig unter dem Stichwort »Organisierte Kriminalität« gefasst werden. Im Einzelnen sind dies Fälle des international organisierten ungesetzlichen Handels mit Waffen, Munition, Sprengstoffen oder Betäubungsmitteln und der international organisierten Herstellung oder Verbreitung von Falschgeld. Darüber hinaus bezieht sich der Zeugenschutz, für den innerhalb der Sicherungsgruppe das *Referat 24* zuständig ist, auf Fälle von Straftaten gegen das Leben oder die Freiheit des Bundespräsidenten, von Mitgliedern der Bundesregierung, des deutschen Bundestages und des Bundesverfassungsgerichts.

Um objektive Kriterien über die Innere Sicherheit zu erlangen, fertigt die Polizei so genannte Lagebilder an. Das Gesamtlagebild setzt sich zusammen aus einer Vielzahl unterschiedlicher Daten. Hierin fließen die politischen, gesellschaftlichen, wirtschaftlichen, sozialen, ideologischen und ethnischen Rahmenbedingungen und Entwicklungen ein. Je nach Bedarf können aus diesem Datenpool Teillagebilder herausgezogen werden. Wenn die Gefährdungsanalyse für eine einzelne Person erstellt werden soll, so dient dazu als Grundlage ein so genanntes *Lagebild aus besonderem Anlass.* Dies beinhaltet folgende Bereiche:

1. Allgemeine Sicherheitslage

Hierbei schenken die mit der Gefährdungsanalyse beauftragten Stellen besonders dem Terrorismus und dem politischen Extremismus ihre Aufmerksamkeit, ein weiteres, wichtiges Kriterium ist in diesem Zusammenhang die politisch motivierte Ausländerkriminalität. Hierzu werden umfangreiche Daten erhoben, indem alle möglichen Publikationen ausgewertet werden, aber auch Graffiti können Hinweise beinhalten. Aus den so gewonnenen Daten ergeben sich unterschiedliche Zielfelder, das sind solche Bereiche, die in extremistischen/terroristischen Kreisen zurzeit auf der Tagesordnung stehen. In den 80er-Jahren war es unter anderem die Kernenergie und der NATO-Doppelbeschluss, die 90er wurden bestimmt durch Ausschreitungen kurdischer Extremisten und rechtsextremistische Gewaltaktionen. Nach dem gleichen Schema wird vorgegangen, wenn deutsche Politiker ins Ausland reisen, dann werden die Daten durch andere Stellen wie zum Beispiel das Auswärtige Amt und den Bundesnachrichtendienst ergänzt.

2. Positions- und Funktionsgefährdung

Das höchste Amt in der Bundesrepublik Deutschland bekleidet der Bundespräsident, in der protokollarischen Reihenfolge folgen ihm der Bundestagspräsident, der Bundeskanzler, dann der Bundesratspräsident und die Präsidentin des Bundesverfassungsgerichts. Sicherlich kennen fast alle den derzeitigen Bundespräsidenten Johannes Rau und selbstverständlich auch Bundeskanzler Gerhard Schröder, viele kennen auch Bundestagspräsident Wolfgang Thierse und Verfassungsrichterin Jutta Limbach. Aber wie heißt zurzeit der Bundesratspräsident? Sicherlich ist ein Außenminister in der Öffentlichkeit bekannter als ein Verkehrsminister. Die individuelle Bekanntheit ist für Sicherheitsexperten ein wichtiges Kriterium, um die jeweilige Bedrohung der Person festzulegen; denn als Faustregel kann gelten: Je bekannter jemand ist und je höher das Amt, das er bekleidet, desto gefährdeter ist er. Beim Bundeskanzler und Bundespräsidenten gehen die Personenschützer des BKA von einer permanenten Bedrohung aus, die einen Schutz rund um die Uhr erfordert. Einer konkreten *Positionsgefährdung* unterliegen aber auch andere Repräsentanten des Staates. Insbesondere dann, wenn die betreffende Person besonders häufig in den Medien präsent ist und sich politischen Reizthemen annimmt, die in der Gesellschaft kontrovers diskutiert werden.

Einer *Funktionsgefährdung* unterliegen im Unterschied dazu all jene Personen, die in politisch kontrovers diskutierten Fragen Entscheidungen treffen müssen. Das kann derjenige sein, der über den Ausbau eines Flughafens oder einer Autobahntrasse entscheidet, oder Staatsanwälte und Richter. Der Schutz dieser Landes- oder Kommunalpolitiker fällt in die Zuständigkeiten der *Personenschutzabteilungen* der jeweils zuständigen *Landespolizei*.

3. Individualgefährdung

Hierunter fallen die Kriterien und Erkenntnisse, die neben der Positions- oder Funktionsgefährdung noch vorliegen. Erhielt die betreffende Person bereits Drohschreiben oder wurden Ausspähungsversuche festgestellt? Schweigeanrufe können ein Hinweis auf eine Bedrohung sein oder die Nennung der Person in extremistischen oder terroristischen Publikationen. Für den Laien mag das etwas befremdend klingen, man könnte denken, was hat denn ein Drohbrief mit einem Anschlag zu tun. Beispiele von Attentaten auf amerikanische Präsidenten belegen jedoch, dass die Täter sehr häufig vor der Tat diese mehrmals ankündigten. Sara Jane Moore etwa, die 1975 auf Präsident Gerald Ford schoss und ihn nur um wenige Zentimeter verfehlte, hatte vorher sowohl den *Secret Service*, das FBI als auch die Polizei von San Francisco über ihre Absicht informiert, den Präsidenten zu töten. Auch Arthur Bremer, der drei Jahre zuvor während der Präsidentschaftswahlen versuchte, Richard Nixon zu ermorden, hatte seine Tat in mehreren Briefen an das FBI avisiert. Zwei Attentäter, die versuchten Bill Clinton zu töten, hatten ihr Tun ebenfalls angemeldet. Sowohl der Täter, der in Kamikaze-Manier einen Anschlag auf den Sitz des Präsidenten, das Weiße Haus, unternahm, als auch der Mann, der insgesamt 29 Projektile aus einem Schnellfeuergewehr auf den Amtssitz des US-Präsidenten abfeuerte, hatten die Sicherheitsbehörden über ihr Vorhaben informiert.

4. Bewertung

Auf Grund der Bewertung aller Lagefelder wird entschieden, ob und wenn ja, in welche Gefährdungsstufe die jeweilige Person eingeordnet wird.

Die Gefährdungsstufen

Die Polizei-Dienstvorschrift (PDV) 100 legt unter 2.5.2.3. die Gefährdungsstufen fest.

Gefährdungsstufe 1: Die Person ist erheblich gefährdet, mit einem Anschlag ist zu rechnen. Im Jahr 1995 erfüllten 16 Personen dieses Kriterium. Personen, die dieser Gruppe zugeordnet sind, werden ständig – im In- und im Ausland – von Beamtinnen und Beamten der Sicherungsgruppe begleitet. Treten sie bei öffentlichen Veranstaltungen auf, werden diese unter anderem mit der örtlichen Polizei sicherheitstechnisch vorbereitet. Ein Vorauskommando klärt zum Teil bereits Tage zuvor auf, überprüft alles, was sicherheitsrelevant sein könnte. Diese Beamten legen zum Beispiel mögliche Fluchtwege fest und fertigen Foto- oder Videoaufnahmen von besonders gefahrenträchtigen Stellen.

Gefährdungsstufe 2: Die Person ist gefährdet, ein Anschlag ist nicht auszuschließen. 1995 stellte das BKA bei 23 Personen eine Gefährdung fest, die eine Zuordnung in diese Gefährdungsstufe notwendig machte. Diese Leute werden nicht permanent, sondern nur bei besonderen Anlässen oder in bestimmten Zeiten beschützt. Nach einer detaillierten Analyse der individuellen Lebensgewohnheiten begleiten sie Personenschützer des BKA bei häufig wiederkehrenden Fahrten und öffentlichen Veranstaltungen mit einem besonderen Angriffsreizwert.

Gefährdungsstufe 3: Eine Gefährdung der Person ist nicht auszuschließen. Auch für diese Gruppe, der 1995 ganze 41 Personen zugerechnet wurden, wird nur bei besonderen Anlässen Personenschutz gewährt.

Die Schutzpersonen

Niemand kann bestreiten, dass für einen bestimmten Personenkreis die staatlichen Schutzmaßnahmen recht gravierende Einschränkungen der individuellen Freiheit mit sich bringen: Für die Schutzpersonen selbst. Was für den »Normalbürger« eine Selbstverständlichkeit ist, wird für den von Staats wegen Geschützten zum Problem. Fast immer sind die Personenschützer dabei: Beim Besuch eines Museums oder einer Ausstellung, bei Familienfesten und Trauerfeiern. Sie erleben den gut- und den schlecht gelaunten »Chef«, sie bekommen dessen Streit mit der Ehefrau ebenso mit wie die Trotzphase der Kinder der Schutzperson, deren Freud und Leid in Kindergarten und Schule.

Personenschutz kann nur dann funktionieren, wenn zwischen Beschützern und Geschützten ein besonderes Vertrauensverhältnis besteht. Grundvoraussetzung dafür ist absolute Verschwiegenheit. Nichts aus dem privaten Kreis darf an die Öffentlichkeit gelangen. Auch nach 50 Jahren Personenschutz wurde diese eherne Regel nicht gebrochen. Wenn Skandale und Skandälchen von Politikern ans Licht der Öffentlichkeit gerieten, dann waren die Überbringer dieser Erkenntnisse Journalisten, Sekretärinnen, Verwandte oder Bekannte, aber niemals die Personenschützer.

Herbert Wehner, der ehemalige Bundestags-Fraktionsvorsitzende der SPD, verkörperte einen Typ des Politikers, der nach Meinung vieler mittlerweile nicht mehr existiert. Zusammen mit Franz-Josef Strauß, Kurt Schumacher, Carlo Schmid und Konrad Adenauer bildete er eine Gruppe von Volksvertretern, an denen sich die Geister schieden. Ihre Bundestagsreden – bei Wehner reichten dazu sogar seine Zwischenrufe – sorgten für gewaltige Stimmungsausschläge in der Öffentlichkeit. Diese zogen aber nicht nur Kritik auf sich, sondern wirkten auch anziehend auf potenzielle Attentäter. Trotz der zweifelsfrei vorhandenen Bedrohung lehnte Wehner zu jeder Zeit Personenschutz ab. Als ihn Journalisten einmal nach den Gründen dafür fragten, antwortete er: »Ich hab ja die« und zeigte dabei auf seine spätere Frau Greta.

Dieses Verhalten entspricht nicht der Regel. Wenn das Bundeskriminalamt eine Person in eine der drei Gefährdungsstufen einordnet, liegt nahezu ausnahmslos ein ganzes Bündel von Erkenntnissen vor, das die mit dem Personenschutz verbundenen Maßnahmen rechtfertigt. Allerdings konnte in den letzten drei Jahrzehnten beobachtet werden, dass die Zahl der zu schützenden Personen jeweils mit der Dauer der Regierungszeit ständig anwächst. Am Ende der christlich-liberalen Koalition schützte das BKA im Herbst 1998 mehr als 120 Personen. Im Herbst 2000 war die Sicherungsgruppe Berlin auf Grund der Lagebeurteilung für nur 44 Schutzpersonen zuständig. Dies kann nur auf den ersten Blick verwundern. Je mehr die Politiker ins Rampenlicht der Öffentlichkeit rücken, desto größer wird die Gefahr, dass sie sich Feinde schaffen. Drohbriefe an die Adresse von Volksvertretern sind mittlerweile an der Tagesordnung. Mitunter reicht schon eine öffentliche Äußerung aus, um einen Politiker zum Ziel öffentlicher Angriffe werden zu lassen. An Themen, die die Gesellschaft spalten, besteht kein Mangel: Doppelte Staatsbürgerschaft, Steuer- und Renten- und Gesundheitsreform, Kriegseinsätze der Bundeswehr und Kernenergiepolitik. Wer zu diesen Themen Stellung bezieht, zieht rasch den Hass von Extremisten und Wirrköpfen auf sich. Es müssen noch nicht einmal in jedem Fall Themen der deutschen Politik sein, die einen Politiker ins Fadenkreuz von Extremisten bringen. Als der Führer der in Deutschland verbotenen *Arbeiterpartei Kurdistans* (PKK), Abdullah Öcalan, im Jahr 1999 verhaftet wurde, hatte dies nicht nur zum Teil gewaltsame Proteste seiner Anhänger in Deutschland zur Folge. Der Bundestagsabgeordnete Cem Özdemir (Bündnis 90/Die Grünen) erhielt von PKK-Anhängern Morddrohungen, weil er für sie – als Kind türkischer Eltern – den türkischen Staat repräsentiert. Dass Özdemir, 1965 in Bad Urach geboren, nach eigenem Bekunden besser »Schwäbisch als Türkisch« spricht, interessierte seine orientalischen Landsleute nicht.

Gerade Terroristen wählen ihre Opfer häufig nicht nach objektiven Kriterien aus. Für sie ist es wichtig, mit ihren Aktionen tatsächliche oder vermeintliche Symbolfiguren des Staates oder der Wirtschaft zu treffen, um so einen möglichst großen Widerhall in den Medien zu erreichen. Dies trifft auch auf die Terrorgruppe zu, deren Anschläge insbesondere die 70er-Jahre prägten.

In der Theorie setzte sich die Baader-Meinhof-Bande zwar das Ziel, hochrangige Vertreter des Staates zu treffen, die Praxis sah aber anders aus. Von Beginn an waren es in der Mehrzahl »einfache« Leute, die Opfer ihrer Anschläge wurden. Nach mehreren Brandanschlägen auf Kaufhäuser hatte die Polizei im April 1968 Andreas Baader verhaftet. Als Ulrike Meinhof, Ingrid Schubert und Irene Goergens ihn im Juni 1970 aus der Haft befreiten, wurden dabei der Bibliotheksangestellte Georg Linke und zwei Justizangestellte durch Pistolenschüsse schwer verletzt. Umgehend versuchte Ulrike Meinhof ihre Tat und die damit verbundenen Opfer zu rechtfertigen: »Wir sagen natürlich, die Bullen sind Schweine, wir sagen, der Typ in Uniform ist ein Schwein, das ist kein Mensch, und so haben wir uns mit ihm auseinander zu setzen. Das heißt, wir haben nicht mit ihm zu reden, und es ist falsch, überhaupt mit diesen Leuten zu reden, und natürlich kann geschossen werden«. Diese Legitimation musste in den folgenden Jahren noch mehrfach bemüht werden. Ende 1977, nach dem so genannten heißen Herbst, in dem Terroristen den Bankier Jürgen Ponto, Generalbundesanwalt Siegfried Buback und den Arbeitgeberpräsidenten Hanns-Martin Schleyer, zwei Chauffeure und drei Polizeibeamte töteten, löste sich der größte Teil der Unterstützerszene vom harten Kern der RAF. In linksextremistischen Publikationen konnte man lesen, diese Taten hätten für den »Befreiungskampf des Volkes gegen seine Unterdrücker« nichts gebracht und die Morde – insbesondere die an den Polizeibeamten und den Fahrern – seien aus reiner Mordlust geschehen.

Die Hochzeit der RAF brachte für die Sicherungsgruppe einen gewaltigen Bedeutungszuwachs, verbunden mit einer deutlichen Personalaufstockung und einer Modernisierung der Ausrüstung. Sondergeschützte Limousinen gehören seit dieser Zeit im Personenschutz zur Grundausstattung ebenso wie moderne Observationsmittel. Das BKA intensivierte in dieser Zeit die Zusammenarbeit mit anderen staatlichen Stellen. Nachrichtendienste und Verfassungsschutzämter wurden sowohl bei der Prävention als auch unterstützend bei der Strafverfolgung aktiv. Für die Schutzpersonen gingen die vorbeugenden Maßnahmen gegen Terroranschläge mit einer spürbaren Beschränkung der Freiheit einher. Im Jahr 1977 ging dies so weit, dass die Familie des damaligen Außenministers Hans-Dietrich Genscher in der Unterkunft der Grenzschutzgruppe 9 in Hangelar bei Bonn untergebracht wurde, um sie so vor angekündigten RAF-Anschlägen zu bewahren.

In kaum einem anderen Bereich wird so eindrucksvoll deutlich, dass größtmögliche Freiheit und Sicherheit miteinander unvereinbar sind. Dies zeigt sich auch für die Bürger. Politiker streben nach dem Bad in der Menge. Sicherheitsexperten raten hingegen zu mehr Distanz und sie empfehlen den Schutzpersonen, ständig in Bewegung zu bleiben, wenn sie sich nicht in Arealen bewegen, die sicher – oder im Jargon der *Bodyguards* gesprochen »safe« – sind. Fahrten im offenen Wagen gehörten bis weit in unser Jahrhundert hinein zum

GSG 9: Personenschutz bei besonderen Anlässen

Zu den Aufgaben der im Jahr 1972 gegründeten Grenzschutzgruppe 9 gehörten von Beginn an Personenschutz- und Sicherungsaufgaben für hochgestellte Politiker. Die Beamten der GSG 9 kamen zum Einsatz, wenn die Sicherheitsbehörden – dazu gehören Bundeskriminalamt, Bundes- und Landesämter für Verfassungsschutz und der Bundesnachrichtendienst – von einem unmittelbar bevorstehenden Anschlag auf die jeweilige Schutzperson ausgingen. Den Höhepunkt erreichten die Personenschutzmaßnahmen Mitte der 70er-Jahre, als die Terroranschläge der so genannten Roten Armee Fraktion die Bundesrepublik in Atem hielten. Wie groß die Furcht vor Gewaltakten der Terroristen war,

zeigte sich auch bei der Fußball-Weltmeisterschaft in Argentinien im Jahr 1978. Da den deutschen Sicherheitsbehörden Erkenntnisse über eine geplante Entführung der Kicker vorlagen, beschützten Beamte der GSG 9 Bundestrainer Helmut Schön und seine Spieler. Auch nach dem Abebben der Welle der terroristischen Gewalt übernahm die GSG 9 noch Personenschutz-, Sicherungs- und Unterstützungsaufgaben bei besonderen Anlässen. In den letzten Jahren kam der Personenschutz im Rahmen des Zeugenschutzes hinzu. Es liegt auf der Hand, dass vor diesem Hintergrund die folgende Auflistung der Personenschutzeinsätze der GSG 9 nicht vollständig sein kann

Personenschutzeinsätze der GSG 9 ab 1975

Jahr	Einsatzort	Anfordernde Behörde	Anlass	Aufgabe der GSG 9
1975	Tokio/Japan	Bundesministerium des Innern	Wirtschaftsbesuch Japan/Deutschland	Personenschutz für Bundesaußenminister Genscher
1977	Bonn	BGS Grenzschutz-Kommando West	Schleyer-Entführung	Personenschutz für Bundespräsident Scheel
2.–4. Mai 1987	Augsburg	Bayerisches Innenministerium	Besuch des Papstes Johannes Paul II.	Personenschutz für Papst Johannes Paul II.
2.–8. Juli 1992	München	Bayerisches Innenministerium	Weltwirtschaftsgipfel	Personen-, Begleit- und Innenschutz für hochgestellte Persönlichkeiten aus der Politik und Delegationsmitglieder
24./25. 9. 1992	Im Raum Nürnberg	Bayerisches Innenministerium	Eröffnung des »Rhein-Main-Donau-Kanals«	Begleitung durch das Einsatzboot der GSG 9 zum Schutz des Bundespräsidenten und weiterer hochgestellter Persönlichkeiten aus Politik und Wirtschaft auf dem Wasser. Zusätzlich Fahndungs- und Observationsmaßnahmen.
8. 11. 1992	Berlin	BKA, Sicherungsgruppe 1	»Demonstration gegen Ausländerfeindlichkeit«	Personenschutz für Bundespräsident Weizsäcker und Bundeskanzler Kohl.

■ Eröffnung der Ausstellung »Barockplastik in Norddeutschland« im Hamburger Museum für Kunst und Gewerbe, 1977. Zwei GSG-9-Beamte wurden bei diesem Anlass – zusätzlich zu den BKA-Leuten – im unmittelbaren Personenschutz für Bundespräsident Walter Scheel eingesetzt. In der Hochphase des RAF-Terrors ordneten die für die Sicherheit der Politiker zuständigen Institutionen nicht selten das offene Tragen der Maschinenpistolen an. Diese Maßnahme und ein bewusst martialisches Auftreten der GSG-9-Männer sollten auf potenzielle Attentäter abschreckend wirken.

2./3. 10. 1993	Saarbrücken	Grenzschutzamt Saarbrücken	Tag der Deutschen Einheit	Sicherstellung eines störungsfreien Ablaufs der Starts und Landungen hochgestellter Persönlichkeiten aus Politik und Wirtschaft.
10. 5. 1994	Bad Bergzabern	BGS-Grenzschutzpräsidium West	Besuch des Bundesministers des Innern und »Tag der offenen Tür« bei der Grenzschutzabteilung West 3	Mittelbarer und unmittelbarer Personenschutz für Bundesinnenminister Manfred Kanther
2.–6. Juni 1999	Köln	Nordrhein-westfälisches Innenministerium	Tagung des EU-Rates	Gestellung von Sicherheitsschützen und Eingreifkräften für den Schutz hochgestellter Persönlichkeiten aus der Politik und Delegationsmitglieder.
18.–20. Juni 1999	Köln	Nordrhein-westfälisches Innenministerium	Weltwirtschaftsgipfel	Gestellung von Sicherheitsschützen und Eingreifkräften für den Schutz hochgestellter Persönlichkeiten aus der Politik und Delegationsmitglieder. Innen- und Personenschutz für den US-Präsidenten Bill Clinton im Kölner Gürzenich.

■ Königin Elisabeth II. besuchte im Mai 1965 die Bundesrepublik. Für ihren unmittelbaren Schutz war damals ein Beamter von *Scotland Yard* zuständig. In den 70er-Jahren wurde das Personal der für den Schutz des englischen Herrscherhauses zuständigen *A Squad* Schritt für Schritt aufgestockt. Zunächst nach einem Entführungsversuch von Prinzessin Anne 1974, dann nach dem Mordanschlag der *Irisch Republikanischen Armee (IRA)* auf Lord Mountbatten 1979.
Foto: BKA-Sicherungsgruppe, Berlin

festen Programm der Herrschenden. Mehrere Anschläge auf offenen Kutschen und Cabriolets bereiteten diesen Freiluftveranstaltungen ein Ende. Sogar das Oberhaupt der katholischen Kirche, Papst Johannes Paul II., verzichtet seit einem Anschlag auf sein Leben auf diese Form der Volksnähe. Nur noch eine Repräsentantin fährt nach umfangreichen Sicherheitsmaßnahmen – anlässlich der Feiern zu ihrem Geburtstag – regelmäßig in einer offenen Kutsche durch die Londoner Innenstadt: Königin Elisabeth II. von England.

Die Ausbildung der Sicherungsgruppe

Für nahezu alle Berufe gilt: Wer künftigen Herausforderungen genügen will, muss sein ganzes Berufsleben lang dazulernen. Auf die Beamtinnen und Beamten der Sicherungsgruppe trifft dies in besonderer Weise zu.

Die Personenschützer der *Sicherungsgruppe Berlin* sind allesamt fertig ausgebildete Polizeivollzugsbeamte. Rund 60 Prozent von ihnen haben zuvor beim Bundeskriminalamt die Ausbildung zum Polizeikommissar durchlaufen, die restlichen 40 Prozent kommen vom Bundesgrenzschutz und waren zuvor im mittleren Dienst als Polizeimeister, -obermeister oder -hauptmeister beschäftigt. Um sie auf ihre speziellen Aufgaben im Personenschutz vorzubereiten, absolvieren alle ein vierwöchiges Grundseminar. Zu Beginn wird der Ausbildungsstand der Beamten erfasst. Die Ausbildungsschwerpunkte dieser viermal jährlich in Berlin und Meckenheim bei Bonn durchgeführten Lehrgänge sind:

■ Die meisten deutschen Spezialeinheiten üben sich im *Ju Jutsu*. Dieses System der Selbstverteidigung entwickelten in den 60er-Jahren zwei Polizeibeamte aus den jeweils effektivsten Elementen verschiedener Kampfsportarten ...

■ *Ju Jutsu* beinhaltet unter anderem Blocktechniken, eine Vielzahl unterschiedlicher Würfe, Fauststöße, Tritt- und Schlagtechniken.

Das Training der Beamten der Sicherungsgruppe findet nicht nur in der Sporthalle statt. Im Freien besteht die Möglichkeit, unterschiedliche Selbstverteidigungstechniken miteinander zu kombinieren und hierbei auch Waffen einzusetzen, die für diesen Zweck speziell eingerichtet sind. Für die Handfeuerwaffen …

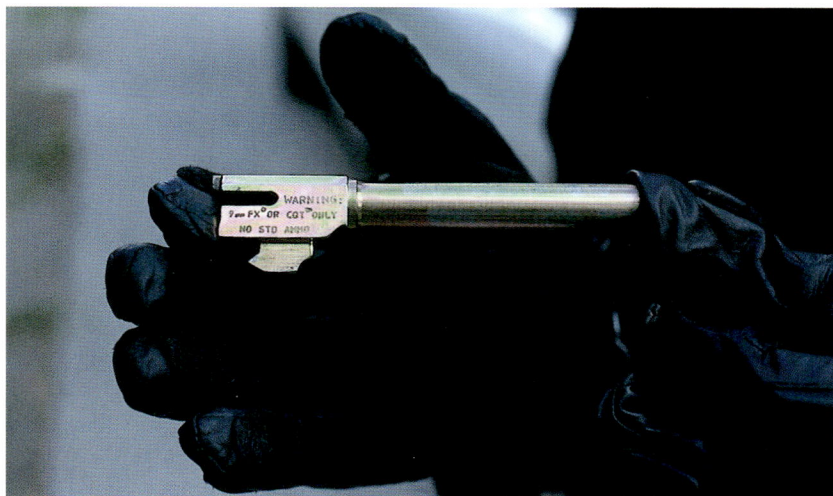

… gibt es für das realitätsnahe Üben die Möglichkeit, die Originalläufe gegen solche auszutauschen, die für FX (Farbmarkierungs)- oder Filzmunition eingerichtet sind.

❒ Rechtskunde, insbesondere das BKA- und das Bundesgrenzschutz-Gesetz, aber auch die Vorschriften über die Anwendung des Unmittelbaren Zwangs (UzwG). Es wird den Beamten vermittelt, welche Möglichkeiten ihnen die geltenden Gesetze im Einsatz bieten, aber auch, wo ihre Grenzen liegen. Ebenso gut müssen sich die Beamten in den einschlägigen Polizeidienstvorschriften (PDV 100, 129, 130) auskennen.

❒ In einem weiteren Abschnitt der Ausbildung werden die Grundsätze des Personenschutzes, taktische Aspekte und Verhaltensgrundsätze im Falle eines Angriffs auf die Schutzperson vermittelt. Hierzu gehört auch die detaillierte Analyse einer Vielzahl von Attentaten im In- und Ausland.

❒ Einsätze bei Staatsbesuchen

❒ Beurteilung der Gefährdungslage einer Schutzperson

■ Um beim Training mit der FX-Munition Verletzungen im Gesicht – besonders der Augen – auszuschließen, tragen die Übenden Spezialhelme.

■ Seit einigen Jahren verwendet die Sicherungsgruppe wie viele SEKs und die GSG 9 im realitätsnahen Einsatz-Training die Farbmarkierungs (FX)-Munition. In den 9-Para-Patronen stecken mit Farbe gefüllte Kunststoffprojektile. Beim Auftreffen auf das Ziel platzen die Geschosse an den Sollbruchstellen auf und die Farbe tritt aus. Ein Treffer ist somit deutlich sichtbar.

■ Ein in dieser Art von vorne aus-
geführter Angriff mit einer Pistole
kann von einem in Selbstverteidigungstechniken sehr erfahrenen
Beamten abgewehrt werden.

■ Mit der linken Hand stößt er blitzschnell
gegen die Pistolenhand des Angreifers, um-
greift mit der rechten Hand vorne das
Verschlussstück und nutzt dann die
Hebelwirkung, indem er die Waffe und die
Hand des Angreifers nach oben wegdrückt.

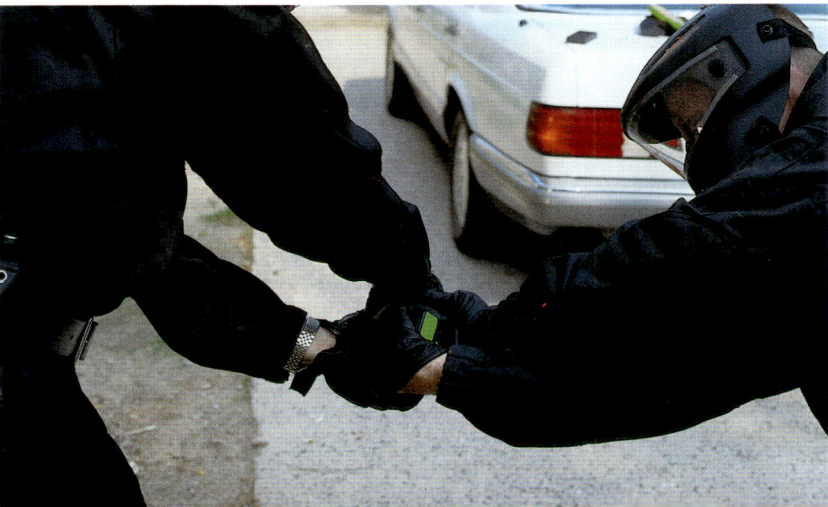

■ Der Ausbilder – man beachte den Aufdruck auf der Jacke »BKA Spezialausbildung« – demonstriert das richtige Wegschlagen der Waffe.

❏ Innenschutz und Durchsuchung von Gebäuden, das Aufspüren von Unkonventionellen Spreng- und Brandvorrichtungen (USBV)
❏ Personenschutzspezifische Schießausbildung
❏ Waffenlose Selbstverteidigung
❏ Sportausbildung
❏ Fahrausbildung

Den Abschluss der Ausbildung bildet ein einwöchiges Stressvorbeugungs- und Konfliktbewältigungsseminar an der Landespolizeischule Berlin. Das Ziel besteht darin, die Beamten auf ihre zum Teil nervenaufreibende Tätigkeit im Personenschutz vorzubereiten.

Nach dieser Grundausbildung steht noch eine Reihe weiterführender Seminare auf dem Programm. In einer dreitägigen Einführung über Personenschutztaktik erlernen die Beamten, wie sie eigene taktische Verhaltensweisen erarbeiten. Als Grundlage dafür dient ihnen die umfangreiche Auswertung von Ereignissen und Anschlägen, die vom BKA kontinuierlich fortgeschrieben wird. Ebenfalls drei Tage dauert ein Seminar, in dem speziell das Arbeiten in der Gruppe trainiert wird. Neben der Wissensvermittlung über die so genannten gruppendynamischen Prozesse wird ihnen im Rahmen von Gruppenübungen die für den Personenschutz notwendige Taktik in unterschiedlichen Situationen vermittelt. Die Beamten lernen, wie sie sich verhalten, wenn die Schutzperson von einer randalierenden Gruppe angepöbelt wird, wie sie sich bei direkten Angriffen auf einen Kollegen oder direkt auf die Schutzperson verhalten. Sie erhalten in diesem Seminar unter anderem das Wissen über die

Wenn der Angreifer von hinten kommt, ist die Technik zur Gegenwehr sehr schwierig. Anders als bei einem Angriff von vorne, sieht der Angegriffene den Täter nicht. Durch eine Drehung des Rumpfes und einen gleichzeitigen Schlag mit der rechten Hand gegen den Arm des Angreifers wird die Waffe abgelenkt, dann muss mit der rechten Hand die Waffe ergriffen werden, wobei sich gleichzeitig die linke Hand auf den Arm des Angreifers legt.

■ Wenn bis zu diesem Zeitpunkt alles glatt gelaufen ist, dann ist der Rest einfach: Überstrecken der Hand des Angreifers nach hinten und entwaffnen. Es kommt auf die jeweilige Situation an, ob die gezeigte Abwehrtechnik den gewünschten Erfolg bringt. Es gilt der Lehrsatz, dass der Personenschützer stets seine Bewegungsabläufe auf die Situation einstellen, »situative Wendigkeit« zeigen muss.

Zusammenarbeit zwischen den Fahrern und den Sicherheitskräften und sie erfahren, wie sich Schutzpersonen bei einem Attentat verhalten.

Die Fahrzeuge, die im Personenschutz verwendet werden, sind mehr als reine Fortbewegungsmittel. Sie dienen auch als taktische Mittel, die im Falle eines Anschlags von großer Bedeutung sind. In einer viertägigen Fahrausbildung erlernen die Personenschützer das Führen so genannter *Sondergeschützter Fahrzeuge.* Besonders bei widrigen Witterungsbedingungen – Regen, Eis und Schnee – verhalten sich die nahezu vier Tonnen schweren gepanzerten Limousinen völlig anders als ein normaler Pkw des gleichen Baumusters. Die Beamten erlernen in diesem Training auch in einem Überschlagsimulator, wie sie aus einem auf dem Dach liegenden Fahrzeug aussteigen können.

Einen weiteren wichtigen Gesichtspunkt der Aufbauausbildung bildet für die Personenschützer ein zweitägiger Erste-Hilfe-Kurs. Hiermit reagierte das BKA auf Fälle in der Vergangenheit, als die Personenschützer diese Ausbildung noch nicht durchliefen.

Je nachdem, in welchem Bereich der Beamte eingesetzt wird, schließen sich noch mehrere Spezialausbildungen an. Zum Teil finden diese Lehrgänge beim BKA, manche aber auch beim BGS und den Polizeien der Länder statt. Das umfangreiche Programm umfasst:

❏ Kommandoführerausbildung
❏ Innenschutz/Post-Gepäckkontrolle auf USBV *(Unkonventionelle Spreng- und Brandvorrichtungen)*
❏ Mobile Einsätze
❏ Operative Technik

- Gefährdungsermittlungen / verdeckte Informationsbeschaffung / Analyse von Drohschreiben
- Budgetierung, Haushaltsrecht, Beschaffungswesen
- Personalmanagement
- IT-Planung und Verwaltung
- Objektschutzberatung
- Botschaftsschutz
- Arbeiten in einem Führungs- und Lagezentrum

Die Führung der Sicherungsgruppe und auch die einzelnen Beamten sind sich darüber bewusst, dass vieles von dem, was einmal erlernt wurde, innerhalb recht kurzer Zeit wieder vergessen wird. Daher absolviert jedes *Personenschutzkommando* der Sicherungsgruppe monatlich zwei Fortbildungstage, die grundsätzlich in der Gruppe durchgeführt werden. Hierbei stehen Übungen aus folgenden Bereichen auf dem Programm:

Die Kommandozentrale der modernen Raumschießanlage in Berlin-Treptow. Über den Computer kann der Schießtrainer den übenden Schützen eine Vielzahl unterschiedlicher Aufgaben stellen. Im Training können realitätsnahe Szenarien erlebt und ein der jeweiligen Lage angepasstes Verhalten automatisiert werden. Nach einer langen und intensiven Trainingszeit ist der Schütze in der Lage, reflexartig und dadurch sehr schnell zu handeln.

■ Neben vielen anderen Möglichkeiten können in der Raumschießanlage des BKA unterschiedliche Videofilme abgespielt werden. Im Bild eine Szene aus einem dieser Kurzfilme, in der eine Person zwei Polizisten die Ausweispapiere vorzeigen soll. Plötzlich zieht der Mann eine Waffe und bedroht damit einen Gesetzeshüter. Blitzschnell muss der übende Schütze entscheiden, was zu tun ist. Schießt er, wird die Trefferlage im Computer gespeichert. Diese Aufzeichnung dient in der anschließenden Analyse des Schusswaffengebrauchs unter anderem als objektives Kriterium, ob der Schusswaffeneinsatz unter rechtlichen Gesichtspunkten berechtigt war oder nicht.

■ So genannte Aktiv-Gehörschützer verringern Schussgeräusche auf ein unschädliches Maß, gleichzeitig erlaubt die eingebaute Hör- und Sprecheinrichtung die Verbindung mit dem Leitenden.

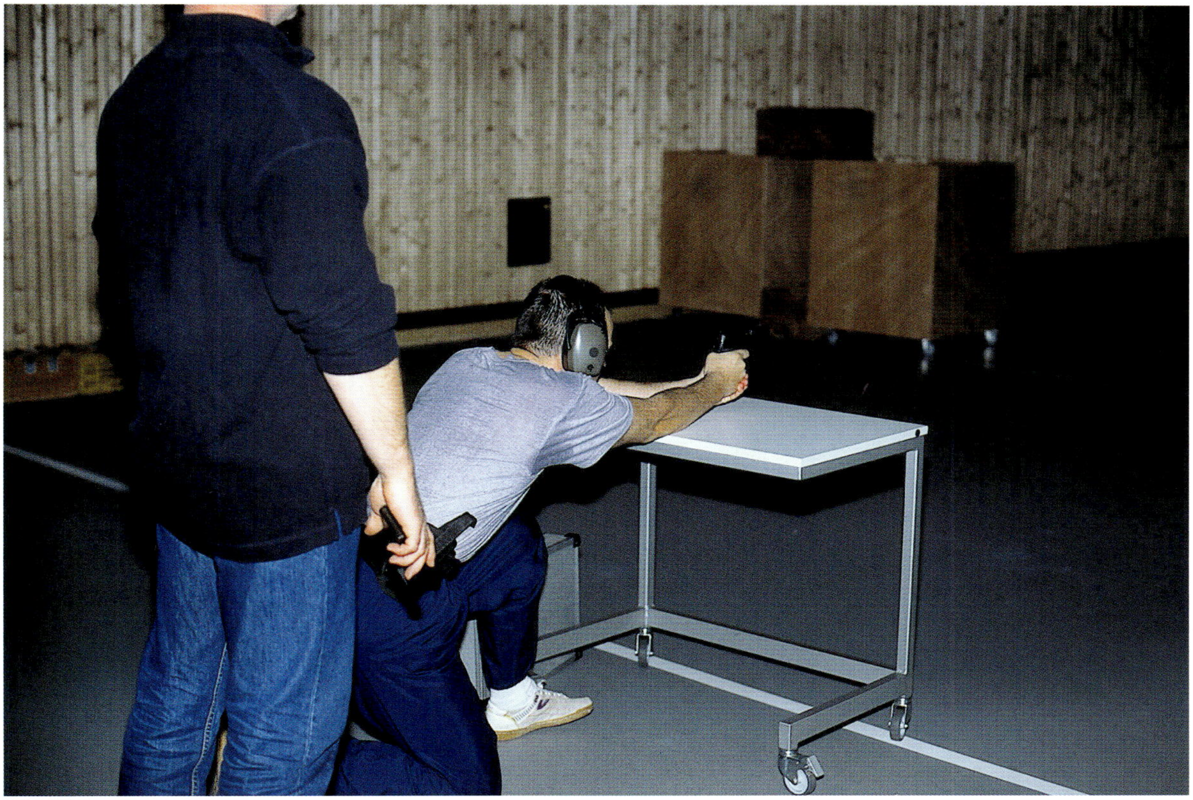

■ In regelmäßigen Abständen werden die Schießleistungen in einem für alle Personenschützer gleich aufgebauten Schießparcours überprüft. Schnelles und sicheres Treffen sind die Voraussetzungen, um den hohen Anforderungen zu genügen…

■ ...Das Ausnutzen von Deckungen ist dabei eine Selbstverständlichkeit.

■ Der Beamte muss bei dieser Übung einen rund 15 kg schweren Koffer mit sich führen. Diese zusätzliche Kraftanstrengung dient dazu, den Stress zu erhöhen, um so eine Annäherung an eine Einsatzsituation zu erreichen. Vorbildlich nutzt der Mann den Koffer als zusätzliche Deckung.

■ Das Modell MP 5 A3 verfügt über eine einschiebbare Schulterstütze. Der Schütze kann durch einen Wahlhebel entscheiden, ob er Einzel- oder Dauerfeuer schießen möchte. Die theoretische Feuergeschwindigkeit beträgt 750 Schuss pro Minute.

❐ *Schießen:* Grund- und Sonderübungen in der Raumschießanlage in Berlin. Dazu gehören unter anderem das Schießen nach körperlicher Belastung, das Schießen in der Dunkelheit, ein Parcours-Schießen und das Schießen in der Personenschützer-Gruppe. Einen weiteren Programmpunkt bildet das Gruppentraining auf einem Truppenübungsplatz in Brandenburg.

■ Vorige Seite: Schießausbildung an der Maschinenpistole MP 5 von Heckler & Koch auf einem Truppenübungsplatz in Brandenburg. Im taktischen Konzept des Personenschutzes ist der Stellenwert der MPi in den letzten Jahren gesunken.

❐ Waffenlose Selbstverteidigung: Auch in diesem Bereich stehen Grund- und Sonderübungen auf dem Programm, die durch ein intensives Training in der Gruppe auf einem Truppenübungsplatz ergänzt werden.
Andere Inhalte der Fortbildungstage sind:
❐ Allgemeine körperliche Fitness
❐ Erste Hilfe
❐ USBV (Unkonventionelle Spreng- und Brandvorrichtungen)
❐ Fahrtraining
❐ Psychologie
❐ Dienst- und Rechtskunde, Polizeidienstvorschriften

■ Die kurze Version der MP 5, die MP 5 KA 1, wurde in den 70er-Jahren von Heckler & Koch speziell für den Einsatz im Personenschutz entwickelt. Die Waffe vereinigt hohe Feuerkraft mit sehr handlichen Maßen. Durch Abkippen der Waffe nach links kann der Schütze eine längs verlaufende Aussparung als Hilfsvisier nutzen. Dadurch erhöht sich die Treffgenauigkeit der als »bockig« geltenden MPi bei schneller Schussfolge.

Mancher Leser wird in diesem Ausbildungskonzept zu viele theoretische Elemente entdecken und die muskelbildenden Bereiche vermissen. Bei näherem Hinsehen wird deutlich, dass diese Konzeption auf einer detaillierten Auswertung der Attentate und Übergriffe auf Schutzpersonen aus den vergangenen Jahrzehnten beruht. Diese Analyse ergab unter anderem, dass sowohl gegen den fanatischen Terroristen als auch gegen den geistesgestörten Alleintäter Muskelpakete recht wenig nützen. In der seit Juli 2000

gültigen Ausbildungskonzeption werden das Ziel und die Philosophie der BKA Ausbildung zum Personenschützer klar und deutlich formuliert:

»Der Auftrag besteht vielmehr darin, theoretisches Wissen und praktische Fähigkeiten zu vermitteln, damit der Personenschützer diese richtig einsetzen kann und somit in kritischen Situationen taktisch und psychologisch vorbereitet ist. Schließlich soll er befähigt werden, sowohl Personenschutz- als auch Planungs- und Koordinierungsaufgaben durchzuführen«.

Die Abwehr mehrerer schwer-
bewaffneter Angreifer ist das
klassische Szenario für den Einsatz der Maschinenpistole im
Personenschutz.

■ Die 32 cm lange Kurzversion der MP 5 wiegt mit geladenem 30-Schuss-Magazin nur 2,5 kg.

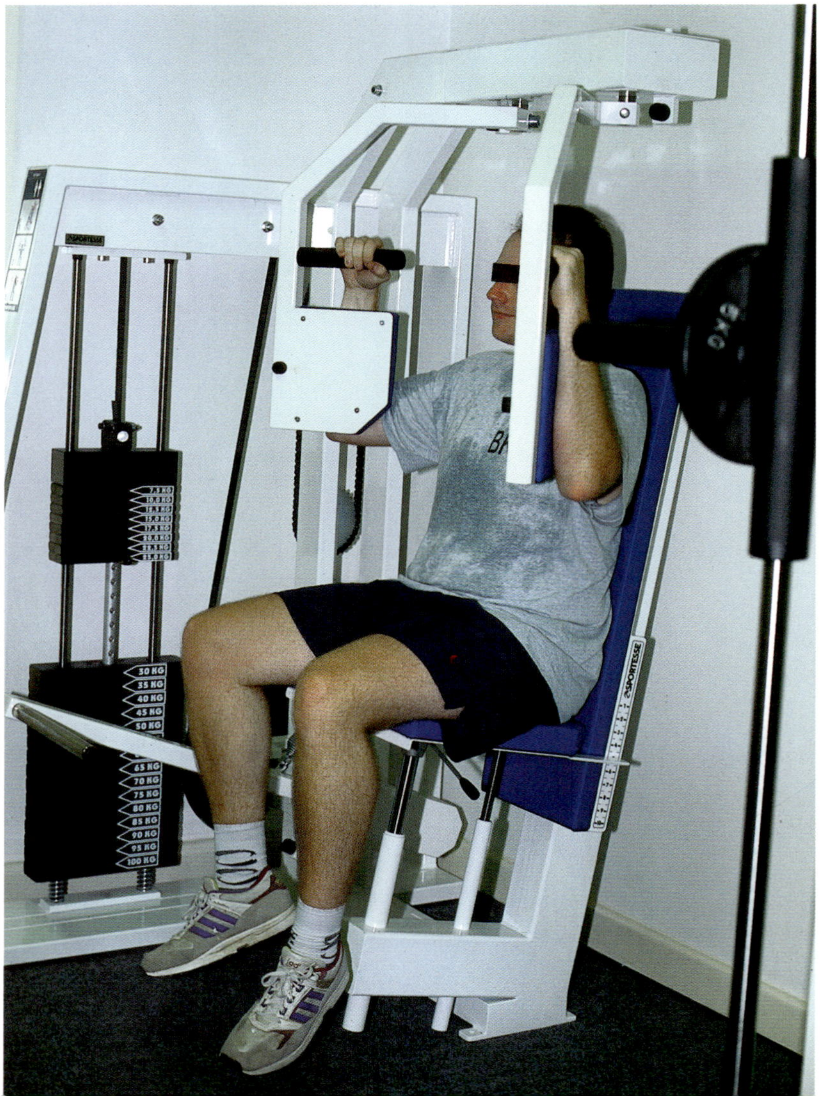

■ Körperliche Leistungsfähigkeit ist eine von vielen Voraussetzungen, die ein Personenschützer mitbringen bzw. aufbauen muss.

■ Ein Truppenübungsplatz der Bundeswehr, der für das Training des Häuser- und Straßenkampfes entwickelt wurde, bietet den BKA-Beamten vielfältige Möglichkeiten, um die im Personenschutz relevanten Übungen durchzuführen. Im Bild der klassische Sandkasten.

■ Vor dem Beginn der Übung gibt ein Mitglied der Ausbildungsgruppe des BKA, der dem Referat SG 21 angehört, seinen Kollegen einen Überblick über den Tagesablauf. Kuriosität am Rande: Für den BKA-Personenschützer ist die modische Mütze nur eine Kopfbedeckung. Es gibt aber Kollegen – in einem oft für seine Personenschützer gelobten Land – bei denen die Mütze als Erkennungszeichen der im weiteren Umfeld zur Schutzperson postierten Personenschützer dient. Eine besondere Variante der Freund-Feind-Kennung.

■ Die Ausbilder übernehmen in den Übungen die Rolle der Angreifer. Sie verwenden dabei umgebaute Maschinenpistolen aus denen Farbmarkierungs (FX)-Munition verschossen wird. Oben eine kurze, links eine Standard-MP 5 von Heckler & Koch.

■ Farbmarkierungs-Patronen werden in vielen unterschiedlichen Kalibern hergestellt (hier .38 Special). Viele in- und ausländische Spezialeinheiten ziehen diese Munition im Training allen anderen Möglichkeiten vor. Treffer sind recht schmerzhaft und hinterlassen auf der Kleidung große, farbige Flecke.

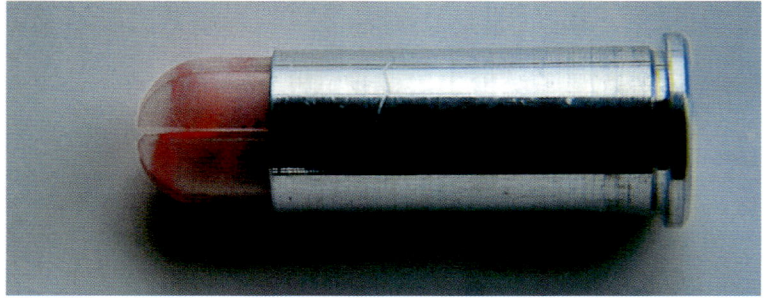

■ Einen wichtigen Bestandteil des
Trainings der Sicherungsgruppe bilden
Evakuierungsübungen. Dabei kommt es
darauf an, die Schutzperson möglichst
rasch aus einem Gefahrenbereich heraus-
zubringen. Deren Rolle übernimmt im
Training ein 75 Kilogramm schwerer
Sandsack.

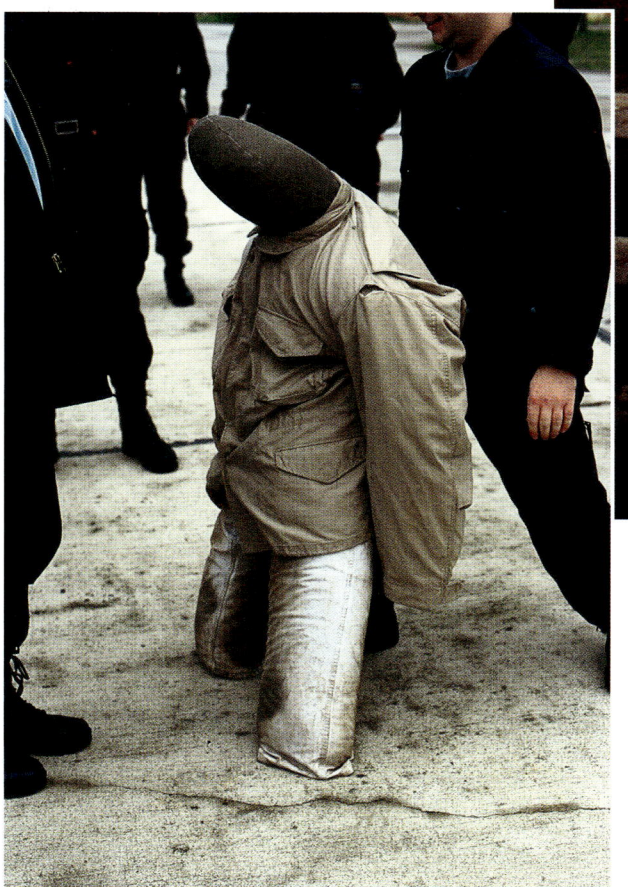

■ Mit 75 Kilo im Schlepptau ist die
Überwindug des Hindernisparcours
selbst für drei gestandene Personen-
schützer eine schweißtreibende
Plackerei.
Foto: BKA-Sicherungsgruppe, Berlin

■ Auf einen plötzlichen Angriff müssen Personenschützer
gemeinsam und aufeinander abgestimmt reagieren.

Erfahrungen in der Vergangenheit erwiesen, dass sich Angriffe häufig beim Ein- und Aussteigen aus einem Fahrzeug ereignen. Aus diesem Grund übt die Sicherungsgruppe derartige Situationen besonders häufig. Der Truppenübungsplatz bietet hierzu ideale Möglichkeiten. Die Fahrer bleiben in ihren Fahrzeugen sitzen, beobachten die Umgebung und melden jede Auffälligkeit per Funk an den Kommandoführer.

Plötzlich fällt ein Schuss. Ein Beamter zieht seine Waffe, der Kommandoführer geht noch näher an die Schutzperson heran, greift mit der rechten Hand nach dessen Schulter, um ihn herunterzudrücken und so für den Attentäter die Trefferfläche zu verkleinern.

Es fiel nur ein einziger Schuss. Deshalb ist es fast unmöglich, festzustellen, wo sich der Attentäter befindet. Zwei Personenschützer suchen hinter dem gepanzerten Fahrzeug Deckung, während ein dritter die Schutzperson in den sondergeschützten Wagen drängt.

■ Das Aus- und Einsteigen in das sondergeschützte Fahrzeug wird in vielen unterschiedlichen Varianten durchgespielt. Zwei Beamte aus dem Begleitfahrzeug gehen auf der linken und rechten Seite zum ersten Fahrzeug vor, in dem ein Fahrer, der Kommandoführer und die Schutzperson sitzen. Das zweite Fahrzeug steht nach links versetzt hinter dem Führungsfahrzeug.

■ Erst nachdem seine beiden Kollegen das Umfeld sondiert und über Funk gemeldet haben, dass alles in Ordnung ist, verlässt der Kommandoführer das Fahrzeug.

■ Nachdem auch er sich davon überzeugt hat, dass keine Gefahr droht, kann die Schutzperson die Limousine verlassen. In der Praxis sieht das oft anders aus, dann bestimmt die Schutzperson, die die Beamten intern als »Chef« bezeichnen, wann ausgestiegen wird. Sich den Anweisungen der Personenschützer unterzuordnen, fällt manchem Politiker schwer. Es kursieren Gerüchte, dass im amerikanischen *Secret Service,* der für den Schutz des US-Präsidenten und des Vize-Präsidenten zuständig ist, in Sicherheitsfragen einzig und allein der Kommandoführer das Sagen hat und sich der Präsident dessen Anweisungen fügt. Die Ursache für dieses Verhalten könnte in der vergleichsweise hohen Zahl der Attentate und Attentatsversuche in den Vereinigten Staaten liegen.

■ Plötzlich fallen mehrere Schüsse. Während ein Beamter in Deckung geht und das Feuer sofort erwidert, schiebt der Kommandoführer die Schutzperson in das Fahrzeug; der dritte Personenschützer hat hinter der Limousine Deckung gesucht. Das Auto mit der Schutzperson wird so schnell wie möglich den Ort des Anschlags verlassen. Die zurückbleibenden Leibwächter werden versuchen, den oder die Angreifer mit konzentriertem Feuer niederzuhalten. Ein Szenario, in dem eine hohe Feuerkapazität sicherlich von Vorteil ist.

Die Übungen sollen auch dazu dienen, für häufig wiederkehrende Situationen unterschiedliche Lösungsmuster zu entwickeln. Die Beamten wissen vorher nie, was auf sie zukommt. Da bei solchen Übungen häufig mit FX-Munition geschossen wird, werden die Gesichter durch Masken geschützt. Übungsszene: Mehrere Personen (links und rechts) sprechen die Schutzperson an, bitten mit Nachdruck um ein Autogramm. Die beiden Personenschützer strecken lediglich einen Arm aus, um so den Weg für die Schutzperson freizuhalten.

Vor dem Lokal, in dem die Schutzperson eine Wahlkampfrede hielt, haben sich einige Randalierer versammelt. Zwei Beamte gehen vor, versuchen die Aufgebrachten durch gutes Zureden zu beruhigen, der Kommandoführer tritt mit der Schutzperson erst aus dem Gebäude heraus, als die Lage unter Kontrolle zu sein scheint.

Einer der Randalierer greift einen Personenschützer an, der diesen daraufhin mit der Hand zurückstößt.

■ Blitzschnell eskaliert die Situation, mehrere Personen greifen die Personenschützer und die Schutzperson an.

■ Solche Übungen sind dazu da, um Fehler aufzuzeigen: Während die Personenschützer in eine Rangelei mit den Randalierern verwickelt sind, gelingt es einem Mann unbemerkt, die Schutzperson in seine Gewalt zu bringen.

Personenschutz in der Praxis: Zehn Jahre Deutsche Einheit

Bereits Monate zuvor sorgte der zehnte Jahrestag der Wiedervereinigung für Schlagzeilen und warf Fragen auf: Sollte der Spendenaffären-belastete Alt-Bundeskanzler Helmut Kohl zu diesem Anlass eine Rede halten? Welche Politiker hatten die Wiedervereinigung in den Jahren 1989/90 vorangetrieben, welche sie gebremst? Einige linksorientierte Blätter fragten, ob die Deutsche Einheit überhaupt ein Anlass zum Feiern sei. Umfrageergebnisse machten im Vorfeld die Runde, die unter anderem angeblich bescheinigten, 15 Prozent der Ostdeutschen würden sich die Mauer zurückwünschen. Linksradikale Gruppierungen drohten Wochen zuvor mit Störaktionen gegen die Veranstaltung. Im Internet konnten auch die für die Innere Sicherheit zuständigen Beamten lesen, man wolle »Jagd auf 3. Oktober« machen und linksextremistische Vereinigungen erklärten den Einheitstag zum »antinationalen Aktionstag«. Motto: »Kein Deutschland hier und anderswo«. Dies waren viele gute Gründe für die Sicherheitsexperten des Bundes und der Länder, um alle möglichen Sicherheitsvorkehrungen zu treffen.

In den ersten Vorbereitungen auf den 3. Oktober hatten Sicherheitsüberlegungen eine entscheidende Rolle gespielt. Dabei kam es für die Planer gelegen, dass turnusmäßig ein anderes Bundesland die Austragung der Feierlichkeiten zum Tag der Deutschen Einheit übernimmt. Bereits vor Jahren hatte man festgelegt, dass jeweils das Bundesland die Feierlichkeiten veranstalten sollte, das in dem betreffenden Jahr den Vorsitz im Bundesrat innehat.

Mit Sachsen als Gastgeberland für die Feiern des Jahres 2000 wurde nicht nur aus geschichtlicher, sondern auch aus der Perspektive der Sicherheit eine gute Wahl getroffen. Abgesehen von einigen linken Hausbesetzern verfügt die sächsische Landeshauptstadt Dresden über kein nennenswertes linksextremistisches Potenzial. Hinzu kommt die relativ günstige verkehrsgeographische Lage des Elbflorenz. Vier Brücken führen von Dresden-Neustadt über die Elbe. Zwischen den beiden mittleren Flussübergängen, der Augustus- und der Carolabrücke, liegt in einem etwa einen halben Quadratkilometer großen Rechteck entlang des Flusses eine Vielzahl kulturell besonders wertvoller Bauwerke: Semperoper, Zwinger, Schloss, Frauenkirche, Gewandhaus und Kreuzkirche. Nicht nur der baugeschichtliche und symbolische Wert dieser aus der Barockzeit stammenden Monumente ist bemerkenswert; auch für die Sicherheitsarchitektur eines solches Ereignisses bietet dieses Viertel einen klaren Vorteil: Es gibt kaum Wohngebäude.

Dienstag, 3. Oktober 2000, 08.00 Uhr

Niemand kommt ohne Kontrolle von Dresden-Neustadt nach Dresden hinein. Die Polizei hat an allen Brücken Straßensperren errichtet. Auf der Marienbrücke stehen fünf Einsatzfahrzeuge der Polizei, in den Seitenstraßen Richtung Innenstadt parken jeweils zwei Peterwagen. Auch die Parkplätze rund um die Sehenswürdigkeiten sind gesperrt. Am Taschenberg, einer Seitenstraße der Schloßstraße, stehen Dutzende Polizeibeamte ei-

■ Dresden 3. Oktober 2000, 08.00 Uhr, Theaterplatz vor der Semperoper. Die letzten Vorbereitungen für den Auftritt der Politiker und der Ehrengäste laufen. Polizeibeamte besprechen den Aufbau der »Hamburger Gitter«.

■ Am Taschenberg, zwischen der Semperoper und der Kreuzkirche gelegen, sammeln sich Polizeibeamte aus Berlin und Sachsen. Eine Stunde später werden die Motorräder die Limousinen der hochrangigen Staatsgäste zur Kreuzkirche eskortieren.

ner Motorradeskorte, sächsische Polizeibeamte und BKA-Beamte. Bereits zu diesem Zeitpunkt ist die Zufahrt zu den einzelnen Stationen der Feierlichkeiten nur noch durch die zehn Sicherheitsschleusen möglich. Durch diese Maßnahme wird ein Spalier freigehalten, durch das drei Stunden später die Gäste von der Kreuzkirche zur Oper gehen werden.

09.30 Uhr, Kreuzkirche

Die Anfahrt der Staatsgäste erfolgt in mehrminütigem Abstand über die St. Petersburger Straße. Von dort biegen die Fahrzeuge in die Kreuzstraße ab. Nach weiteren 200 Metern fahren die Konvois in die Straße »An der Kreuzkirche«. Eine Motorradeskorte begleitet die Staatsoberhäupter. Allgemeine Regel: Je wichtiger der Gast, desto länger die Fahrzeugkolonne. Zwischen Kirche und Gemeindehaus halten die Limousinen an, die Staatsgäste, Bedienstete des Protokolls und Sicherheitsbeamte steigen aus und gehen die etwa 30 Meter zum Gemeindehaus. Einige Gäste werden vom sächsischen Ministerpräsidenten Dr. Kurt Biedenkopf noch auf dem

■ Lange Zeit vor Eintreffen der Politiker warten Sicherheitsbeamte vor der Kreuzkirche. In der Mitte ein Angehöriger der französischen Spezialeinheit SPHP *(Sécurité des Hautes Personalités Françaises)*, zuständig für den Personenschutz hochrangiger Politiker. Die Männer dieser Einheit rekrutieren sich aus den Reihen der Kriminalpolizei und der GIGN. Die SPHP besteht seit Mitte der 30er-Jahre. Ihre Aufstellung war die Folge mehrerer Attentate, denen unter anderen ein französischer Innen- und ein Außenminister zum Opfer fielen.

■ Bundeskanzler Gerhard Schröder und Ehefrau Doris zusammen mit Personenschützern und Vertretern des Protokolls auf dem Weg zum Gemeindehaus an der Kreuzkirche. In der näheren Umgebung befinden sich weitere Beamte der BKA-Sicherungsgruppe. Moderner Personenschutz besteht aus dem Ineinandergreifen vieler unterschiedlicher Maßnahmen. Der unmittelbare Personenschutz, bei dem sich die Personenschützer in geringem Abstand zur Schutzperson aufhalten, ist dabei nur ein Teil.

■ Angela Merkel, Vorsitzende der CDU, wird von einem Beamten des Protokolls vor dem Gemeindehaus begrüßt. Im Vordergrund ein Personenschützer des BKA, im Hintergrund Polizeibeamte in Uniform und in Zivil.

■ Entlang der Absperrung sind uniformierte Polizeibeamte postiert. Diesen Mann, der per Funk mit seinen Kollegen und der Einsatzzentrale verbunden ist, stellte die niedersächsische Bereitschaftspolizei.

Weg zum Gemeindehaus begrüßt, manche Politiker nimmt ein Vertreter bzw. eine Vertreterin des Protokolls in Empfang.

Die Zahl der Sicherheitsbeamten variiert, je nach Gefährdungseinstufung der Schutzperson. Und auch die Zuständigkeiten sind unterschiedlich: Bundespolitiker werden – Ausnahmen bestätigen die Regel – von BKA-Beamten begleitet. Den Schutz der Landespolitiker übernehmen Beamte des jeweiligen Landeskriminalamtes. Die CDU-Vorsitzende Angela Merkel eskortieren zwei BKA-Beamte. Direkt beim Bundespräsidenten und dem Bundeskanzler befinden sich drei bzw. vier Personenschützer, zusätzlich noch einige Beamte im näheren Umfeld. Zum Teil tragen sie dunkelblaue Anzüge, zum Teil aber auch einen saloppen Sportdress.

Die Sicherheitsbeamten bilden um die Schutzperson herum Formationen, für die Fachleute

■ Der Bundespräsident und der Bundeskanzler mit ihren Personenschützern auf dem Weg vom Gemeindehaus zur Kreuzkirche. In der Mitte der sächsische Ministerpräsident, der Gastgeber des zehnten Jahrestages der Deutschen Einheit, Kurt Biedenkopf. Für den Schutz des Staatsoberhaupts ist das Referat SG 11 der BKA-Sicherungsgruppe zuständig.

Bezeichnungen wie *offene oder geschlossene Box* oder *Diamant* geschaffen haben. Ein Beamter geht vorn, einer hinten, zwei an der Seite, oder einer vorne, zwei hinter der Schutzperson. Die Aufgabenverteilung der Personenschützer hängt von deren jeweiliger Personalstärke ab. In fast allen Staaten hält man die Zahl der direkt an der Schutzperson »handelnden« *Bodyguards* gering; denn die Erfahrung hat erwiesen, dass sich die Sicherheit nicht proportional zur Zahl der eingesetzten Beamten erhöht. Das Gegenteil scheint sogar der Fall zu sein. Wenn zu viele Leibwächter in direkter Nähe der Schutzperson eingesetzt werden, wird deren Aufgabengebiet zwar immer kleiner, gleichzeitig wächst aber die Zahl der Schnittstellen zwischen den Beamten gewaltig an. Sollte es zum Schlimmsten kommen, könnte sich dann niemand mehr zuständig fühlen. Drei oder vier Personenschützer sind ideal. Sie sichern nach allen Richtungen und ihre Aufgaben sind klar de-

■ Ein hochrangiger Polizeibeamter aus Sachsen und, lachend, Bernd Manthey, der Inspekteur der Bereitschaftspolizeien der Länder.

■ Die Einlasskontrolle an der Kreuzkirche übernahmen Angestellte eines Dresdner Sicherheitsunternehmens. Die Elbmetropole übergab Mitte der 90er-Jahre alle nicht hoheitlich gebundenen Kontroll- und Sicherungsaufgaben an die kommunale Beteiligungsgesellschaft *Sicherheits- und Service-Gesellschaft Dresden,* die zu 49 Prozent von einer privaten Sicherheitsfirma getragen wird.

finiert. Alle Beschützer sind verkabelt. Sie haben durch den Knopf im Ohr und ein Mikrofon direkten Hör- und Sprechkontakt zur Leitstelle und zu ihren Kollegen, die im Umfeld postiert sind und alle Auffälligkeiten sofort an sie weitergeben. In dieses Sicherheitskonzept sind auch die Fahrer der gepanzerten Staatskarossen eingebunden, die in der Regel Berufskraftfahrer und keine Polizeibeamten sind. Auch sie können, wenn ihnen etwas Besonderes auffällt, dies an die Personenschützer per Funk weitergeben.

»Die machen das perfekt«. Wer so urteilt, muss es wissen – einer vom BKA, der das Geschehen vor der Kirche mit der Videokamera festhält. Später wird anhand seiner Aufzeichnungen eine Nachbetrachtung des 3. Oktober stattfinden und vielleicht wird das Band auch in der Ausbildung der BKA-Sicherungsgruppe eingesetzt werden.

Kurz vor zehn Uhr verlassen alle Gäste der Einheitsfeier gemeinsam das evangelische Gemeindehaus und begeben sich in die Kreuzkirche. Zwischen dem Gemeindehaus und der Kirche stehen auch hohe Repräsentanten der Landespolizei. Unter anderem der Inspekteur der Bereitschaftspolizeien der Länder, Bernd Manthey. Auch er scheint mit dem Ablauf zufrieden zu sein: Die eingesetzten Polizistinnen und Polizisten aus Sachsen, Niedersachsen, Mecklenburg-Vorpommern, Brandenburg, Hamburg, Berlin und anderen Bundesländern machen ihre Arbeit sehr gut.

11.15 Uhr, Fußweg zur Semperoper
Während die Gäste den Gottesdienst feiern, laufen vor der Kreuzkirche die letzten Kontrollmaßnahmen ab. Sächsische Polizisten gehen mit

■ Während die Prominenten in der Kirche beten, gehen Beamte der sächsischen Polizei mit ihren Sprengstoffspürhunden die Wegstrecke zwischen dem Gotteshaus und der Semperoper noch einmal ab. In jedem Hauseingang steht jeweils ein Doppelposten der Polizei. Die Anwohner waren bereits Tage zuvor über diese Sicherungsmaßnahme der Polizei informiert worden.

■ Mehrere BKA-Beamte gehen unmittelbar vor der Ankunft der Staatsgäste die Strecke zwischen Kreuzkirche und Semperoper innerhalb der Absperrung noch einmal ab. Es gibt zwar viele technische Hilfsmittel, die auch im Vorfeld und Verlauf eines solchen Großereignisses eingesetzt werden, um zum Beispiel Sprengstoff aufzuspüren. Nicht nur Technikskeptiker wissen aber, dass die menschlichen oder tierischen Sinnesorgane immer noch die besten Gefahrensensoren darstellen. Die besonderen Maßnahmen, die mitunter schon Wochen vor einem Auftritt eines gefährdeten Politikers getroffen werden, führt innerhalb der Sicherungsgruppe Berlin das Referat 14 durch. Dessen Observationsmaßnahmen sind mit der Arbeit der *Mobilen Einsatz Kommandos* (MEKs) vergleichbar.

Spürhunden den Weg von der Kirche zur Semperoper ab. Auch BKA-Beamte – manchmal zu dritt, aber auch alleine – kontrollieren noch einmal die Strecke, einige beziehen an besonders exponierten Stellen Posten. Sicherheitsbeamte stehen auf der Dachterrasse eines Straßencafés und vor dem Springbrunnen in der Galeriestraße. Eine Viertelstunde später verlassen die VIPs die Kirche. Nach einem Schwätzchen mit den Zuschauern machen sie sich auf den Weg zur Oper. Entlang des gesamten Weges sind sie von der Bevölkerung durch so genannte *Hamburger Gitter* getrennt. Es gibt aber auch Ausnahmen: Innerhalb der Absperrung stehen neben Polizisten und Sicherheitsbeamten auch bunt gekleidete Vertreter von Schützen- und Traditionsvereinen aus der sächsischen Bergbauregion des Mansfeldes. Sie bilden ein Ehrenspalier.

■ Polizeibeamte aus Niedersachsen bemannen in der Galeriestraße, an der Schleuse 2 Nord, einen Beobachtungsstand auf einem VW-Bus. Von diesem Hochsitz haben sie die Wegstrecke der Prominenten und die Zuschauer gut im Blick. Man könnte allerdings darüber nachdenken, ob die Aufmerksamkeit der Beamten nicht größer wäre, wenn sich nur zwei statt der vier Beamten auf der Plattform befänden.

Die Absperrungen werden von Landespolizisten bewacht. An der Galeriestraße – der Schleuse 2 Nord, durch die jetzt niemand mehr gelangt – haben niedersächsische Polizisten auf dem Dach eines VW-Busses einen Beobachtungsstand aufgebaut. Aus dieser erhöhten Position verfolgen sie das Herannahen der Politiker. Es gibt

für sie viel zu sehen; denn besonders der Bundeskanzler und der sächsische Ministerpräsident demonstrieren entlang der Wegstrecke Volksnähe. Gerhard Schröder weist einen Beamten vom Protokoll an, sich als Fotograf zu betätigen. Lächelnd knipst der Mann den »Chef« und ein sächsisches Mädchen. Und auch der Bitte, die klei-

■ Zwischen Lehrbuch und Praxis klafft fast immer eine Lücke. In großen Menschenmengen lassen sich Idealkonstellationen zwischen Schützern und Beschützten häufig nicht einnehmen. Die Regel sieht jedoch vor, dass sich ein Teil der Personenschützer stets in unmittelbarer Nähe der Schutzperson befindet.

ne Schwester noch mit abzulichten, wird entsprochen. Hände schütteln, freundlich winken und immer die gleichen Fragen: Wo kommen Sie denn her? Gefällt es Ihnen? Allenthalben fröhliche Menschen, die klatschen. Immer wieder strecken sich den Volksvertretern Hände entgegen, Politiker zum Anfassen eben. Auch die Ehefrau des Bundeskanzlers demonstriert Verbundenheit mit den Sachsen. Jede Bewegung des Paares und der Zuschauer wird von zwei *Bodyguards* beobachtet, die sich in unmittelbarer Nähe des Kanzlers aufhalten. Dank jahrelanger Erfahrung ge-

lingt es den beiden Hünen, fast in jeder Sekunde so zu stehen, dass sie sich von links und von rechts blitzschnell zwischen Zuschauer und Schutzperson stellen könnten. Wenn sich der Zug der Gäste bewegt, ist diese Aufstellung relativ einfach realisierbar, dann gehen die beiden Leibgardisten seitlich versetzt hinter dem Paar in einem Abstand von etwa einem Meter. Wenn die Politiker auf die Zuschauer zugehen, Hände schütteln und dann von links und von rechts von Fans auf die Schulter geklopft werden, ist es schwierig, die Idealkonstellation aufrechtzuerhalten.

■ Vor allem in dem Moment, in dem der Kanzler und seine Ehefrau das »Bad in der Menge« suchen, stehen ihre Leibwächter direkt neben den beiden. In manchen Darreichungen für *Bodyguards* kann man lesen, der Personenschützer, der links hinter der Schutzperson steht, sollte Linkshänder sein, damit er bei einem Attentat möglichst rasch seine Waffe gegen einen Angreifer einsetzen kann. So grau kann Theorie sein; denn das oberste Ziel des Leibwächters wäre es in diesem Fall, sich zwischen den Angreifer und die Schutzperson zu stellen.

■ Politiker suchen die Nähe zum Volk. Dies sorgt bei den für ihre Sicherheit zuständigen Beamten nicht immer für Begeisterung. Während der Bundeskanzler Autogramme gibt, konzentrieren sich seine Personenschützer auf das Umfeld.

■ Folgende Doppelseite: Trotz aller Aufmerksamkeit der Personenschützer gelang es zwei Frauen (Bildmitte), sich unter die Prominenten zu mischen. Sorglos trotteten sie hinter den Politikern her und fotografierten für ihr Familienalbum. An der Eingangskontrolle zur Oper endete ihr Ausflug in die Welt der »Reichen und Mächtigen«.

■ Unmittelbarer Personenschutz
bedeutet nicht, dass die Beamten
in jeder Sekunde an der Schutzperson kleben. Wenn es die Situation erlaubt, kann der Abstand
zur Schutzperson auch etwas ver-
größert werden.

■ Die Personenschützer trugen in
Dresden – ebenso wie die akkre-
ditierten Journalisten und die
Frauen und Männer des Protokolls
– spielkartengroße Ausweise am
Revers.

Etwa zehn Meter vor dem Kanzler und seiner Ehefrau geht eine BKA-Beamtin, die sich auf die rechte Straßenseite konzentriert, die linke Seite des Weges wird von einem Kollegen kritisch unter die Lupe genommen. Hinter dem Kanzler spazieren weitere Gäste, die ebenfalls unter Personenschutz stehen. Aber manchmal ergeben sich Lücken. Plötzlich stehen Gerhard Schröder und Ehefrau Doris alleine da. Im Umkreis von fünf Metern steht kein *Bodyguard*, kein anderer Gast der Einheitsfeier, niemand. Ein Würstchenverkäufer sieht seine große Chance gekommen: »Wie wärs mit einer Rostbratwurst und einem Radeberger, Herr Bundeskanzler?« Die Antwort kommt spontan: »Ne, ne, das hatten wir erst.« Damit spielte Gerhard Schröder auf seinen wenige Wochen zuvor durchgeführte Sommerreise durch die »neuen Länder« an, als er sich vor laufender Kamera ein Bier und eine Bratwurst gönnte. Blödelbarde Stefan Raab machte den Kanzler mit diesem Ereignis zum Schlagerstar: »Hol mir mal ne Flasche Bier, sonst streik ich hier!«

Trotz aller Zurückhaltung behindern die Vorgaben der Sicherheitsexperten nicht nur die Zuschauer, sondern auch die Geschützten. Es fällt auf, dass das Kanzlerehepaar immer dicht beieinander steht. Doris Schröder entfernt sich auf dem gesamten Weg von der Kreuzkirche zur Semperoper nie weiter als einen halben Meter von Gerhard. Fast auf dem gesamten Weg hält sie ihr Mann an der Hand. Junges Glück, werden die meisten denken. Das stimmt auch sicherlich, aber die ständige Nähe zwischen den beiden erleichtert auch die Arbeit ihrer Personenschützer.

Überall Polizisten aus Land und Bund. Innerhalb der Absperrung tragen sie zivil, außerhalb fallen dem ungeübten Auge nur die Uniformierten auf. Bei näherem Hinsehen können verschiedene Gruppen unter den Zivilbeamten ausgemacht werden: Die meisten haben das offizielle Plastik-Schildchen »Sicherheit« ans Revers geheftet, tragen mehr oder weniger auffällige Ohrhörer und alle haben einen Bundesadler-Anstecker am Jackettkragen. Andere verhalten sich auffallend unauffällig, aber eine Körpergröße von mehr als 190 Zentimetern lässt sich nicht kaschieren, gerade dann nicht, wenn abgewetzte Lederjacken außergewöhnlich breite Schultern umschmeicheln und in der Innenseite

der Bomberjacke ein kleines, handliches, unauffälliges Funkgerät von Ceotronics steckt. Der dazu gehörende Ohrhörer ist so klein, dass man ihn kaum erkennen kann.

Trotz aller Vorsichtsmaßnahmen gelingt zwei Damen in der Augustusstraße das nahezu Unmögliche: Ohne Hast trotten sie innerhalb der Absperrung hinter den Ehrengästen her. Kein Sicherheitsbeamter bemerkte, wie sie sich dem Tross der Mächtigen anschließen konnten. Erst am Eingang der Semperoper endet ihr Ausflug in die »Welt der Mächtigen«. Von der Einlasskontrolle werden die Damen freundlich, aber bestimmt hinter die Absperrgitter verwiesen.

11.50 Uhr, Gruppenbild vor der Semperoper
Hundert Meter vor dem Eingang der Semperoper ist für die VIPs eine Tribüne aufgestellt worden. Es dauert mehrere Minuten, bis sich alle vor dem Podest versammelt haben. Die meisten Sicherheitsleute postieren sich in dieser Zeit entlang der Absperrung oder neben dem Standbild auf dem

Nicht jeder hochrangige Politiker erhält Personenschutz. Die individuelle Gefährdung wird ständig überprüft und – falls erforderlich – die Sicherheitsmaßnahmen auf die jeweilige Situation abgestimmt. Zum Zeitpunkt, als dieses Bild entstand, war Renate Künast eine von zwei Vorsitzenden der Partei Bündnis 90/Die Grünen. Drei Monate später berief sie der Bundeskanzler in das Ministerium für Verbraucherschutz und Landwirtschaft. Mit ihrer Beförderung ging auch eine Neubewertung ihrer Gefährdungseinstufung einher. Das Ergebnis war der permanente Personenschutz durch BKA-Beamte. Aber: Für ehemalige Wirtschaftsminister (Günter Rexrodt, FDP) interessieren sich – mit Sicherheit – Chefredakteure von Tageszeitungen.

■ Die Polizei hat alle Zuschauer und Journalisten hinter die »Hamburger Gitter« verbannt. Innerhalb des so geschaffenen Freiraums halten sich nur Angehörige einiger sächsischer Traditionsvereine auf. Dazwischen stehen in unregelmäßigen Abständen uniformierte Polizeibeamte.

Theaterplatz, jeweils etwa zehn Meter von ihren Schutzpersonen entfernt. Manche blicken von dort starr auf ihre »Chefs«, andere schauen in die Richtung, aus der ein möglicher Attentäter kommen könnte. Solche statischen Situationen gelten als gefahrenträchtig. Die Statistik weist jedoch aus, dass der Ein- und Ausstieg aus dem Fahrzeug weitaus gefährlicher ist. Die meisten Attentate der letzten Jahre fanden im und am Fahrzeug statt. Trotzdem sind einige *Bodyguards* recht nervös. Ein Bewacher des französischen Präsidenten Jacques Chirac ist besonders aufgeregt. Immer wieder knöpft er sein Jackett auf und zu. Das lässt tief blicken – auf eine großkalibrige Pistole, die

in einem Holster am Hosenbund steckt. Seine Sorgen sind unberechtigt. Bereits Tage zuvor waren Spezialisten des Bundeskriminalamtes und Beamte der Länderpolizei unterwegs und durchsuchten die gesamte Umgebung. Sie bezogen am Morgen des 3. Oktober Stellung auf einigen besonders exponierten Gebäuden zwischen der Semperoper und der Kreuzkirche. Anders als bei früheren Anlässen zeigen sich die meisten Scharfschützen, die diesmal vom SEK aus Sachsen kommen, nicht offen. Ob die Männer mit ihren großkalibrigen Gewehren demonstrativ Präsenz zeigen und somit abschreckend auf potenzielle Attentäter wirken, oder ob sie aus verdeckten

■ Präzisionsschützen des SEK Sachsen haben unter anderem auf der Semperoper Stellung bezogen. Je nach Einsatzlage zeigen sich Präzisionsschützen offen oder sie operieren aus versteckten Stellungen heraus. Die Hauptaufgabe besteht in der Beobachtung der Szenerie, dazu stehen ihnen leistungsfähige Optiken zur Verfügung. Ihre demonstrative Anwesenheit soll auf potenzielle Attentäter abschreckend wirken.

Stellungen heraus das Geschehen beobachten, wird je nach Einschätzung der Lage entschieden.

Nach dem Fototermin begeben sich die Gäste des sächsischen Ministerpräsidenten Biedenkopf in die Semperoper. Beim Abmarsch vom Podest zeigen sich Unterschiede. Hierbei sind aber die sportlichen Leistungen der Polit-Akteure weniger bemerkenswert, obwohl der elegante Sprung des deutschen Außenministers nicht unerwähnt bleiben sollte. Unter den Sicherheitsbeamten ist Josef, in Medien und Öffentlichkeit immer noch genannt »Joschka« Fischer, für seine sportlichen

■ Während der französische Staatspräsident Chirac freundlich den Zuschauern zuwinkt, sind seine Leibwächter voll konzentriert. Unter den Umstehenden befinden sich mehrere deutsche und französische Personenschützer in Zivil.

Ambitionen bekannt, die das Wort »joggen« nur völlig unzureichend umschreibt. »Der ist ein sehr guter Läufer. Die Beamten in seinem Kommando müssen daher ganz schön fit sein,« berichtet einer der für die Ausbildung der BKA-Sicherungsgruppe zuständigen Beamten. Bemerkenswert ist vielmehr, wie lange manche Personenschützer brauchen, um nach dem Fototermin wieder an ihre Schutzperson heranzukommen. Das könnte bei dem einen oder anderen Beobachter Vorurteile nähren, die seit Jahren über amerikanische *Bodyguards* in der Presse kursieren. Der Chef eines privaten Sicherheitsunternehmens drückte

dies einmal lakonisch aus: »Tolle Ausrüstung, schlechte Einstellung«.

In der Oper werden viele Reden gehalten. Der Gastgeber und auch der letzte Ministerpräsident der DDR, Lothar de Maizière, ergreifen das Wort. Darüber hinaus halten der französische Staatspräsident Chirac und Bundespräsident Rau Reden zum zehnten Jahrestag der Wiedervereinigung Deutschlands. Die Beamten, die mit der Sicherung der hochrangigen Politiker beauftragt sind, stehen und sitzen – wie bei solchen Ereignissen üblich – im Hintergrund bzw. am Rande des Geschehens.

■ Es dauert einige Zeit, bis sich alle Politiker zum Gruppenbild mit Damen einfinden. Die Personenschützer stehen einige Meter von den Schutzpersonen entfernt und beobachten die Zuschauer, die durch Absperrgitter von den Volksvertretern getrennt werden.

Vor der Oper, besonders in der Sophienstraße, gibt es unter den Landespolizisten unterschiedliche Deutungen darüber, ob und wie das Spalier von der Öffentlichkeit freigehalten werden soll. Einige wenige Polizisten lassen niemanden durch die Hamburger Gitter hindurch, auch nicht Journalisten, die eine Akkreditierung für den im Schloss stattfindenden Empfang des Bundespräsidenten besitzen. Andere Ordnungshüter machen bei den Medienvertretern eine Ausnahme. Wieder andere lassen kurz nach 12 Uhr jeden durch die Absperrung, der das will. Wenige Minuten danach herrscht rund ums Schloss ein buntes Treiben. »Ja sind die denn verrückt geworden?«, fragt ein Mann mit einem »Sicherheit«-Plastikschild am Jackettkragen und zeigt mit einer

Hand in Richtung seiner uniformierten Kollegen. Offensichtlich herrscht trotz der zahlreichen Besprechungen, die vor diesem Großereignis auf unterschiedlichen hierarchischen Ebenen stattfanden, unter den für die Sicherheit zuständigen Polizisten Unklarheit über die hier anzuwendenden Richtlinien.

■ Folgende Doppelseite: Staatsgäste aus West-, Nord- und Osteuropa und aus den USA: 1. Reihe von links nach rechts: Orbán, Strojew, Schröder, Halonen, Rau, Chirac, Persson, Buzek, Zeman, 2. Reihe: de Maizière, Fischer, Albright, Limbach, Biedenkopf, Thierse, Dzurinda, Prescott, Stuart. Der Schutz der Gäste und die Koordination mit deren *Bodyguards* fällt in den Aufgabenbereich des Referates 23 der Sicherungsgruppe des Bundeskriminalamtes.

Während in der Semperoper Festreden zum 10. Jahrestag der Deutschen Einheit gehalten werden, geht für die Personenschützer des BKA die Arbeit weiter. Innerhalb der Absperrung befinden sich nur Fahrzeuge der Sicherheitskräfte.

Nur Fahrzeuge, die über diese Berechtigung verfügen, dürfen sich innerhalb des abgesperrten Bereichs aufhalten.

13.30 Uhr, Empfang des Bundespräsidenten

Von der Semperoper gehen die Gäste über den Theaterplatz und von dort über die Sophienstraße zum Schloss. Nach einem Rundgang durch die Gemäldegalerie finden sie sich – rund eine halbe Stunde später als geplant – beim Essen des Bundeskanzlers im 2. Stockwerk ein. Die BKA-Personenschützer ziehen sich, nachdem die Schutzpersonen am ovalen Tisch platzgenommen haben, etwas zurück. Ihre Kollegen sichern derweil die Zugänge zum Saal, an jeder Tür zwei Mann, je einer innen und außen. Leibwächter sind immer und überall dabei. Ein französischer Sicherheitsbeamter begleitet vor dem Beginn des Essens seinen Präsidenten auf dem Gang zur Toilette.

■ Beim Mittagessen, zu dem der Bundeskanzler einige Staatsgäste in das Residenzschloss eingeladen hatte, hielten sich die Personenschützer im Hintergrund. Der Raum war zuvor von Spezialisten des BKA untersucht worden. Danach riegelten ihn Beamte, die sich am Ein- und am Ausgang postierten, hermetisch ab.

Personenschutz aus einer anderen Perspektive

Darf es für 40 Pfennig mehr sein?

Große Ereignisse, an denen viele hochrangige Politiker teilnehmen, sind immer mit großräumigen Absperrungen verbunden. Sinn und Zweck dieser Maßnahmen ist es, möglichst jede Person kontrollieren zu können, die sich in die Nähe der Politiker begibt und gleichzeitig diejenigen bereits im Vorfeld abweisen zu können, die als Störer der Veranstaltung auftreten könnten. Regelmäßig bricht durch diese Maßnahmen der private und auch der öffentliche Verkehr nahezu vollständig zusammen. Dies erlebte der Autor hautnah.

Vom Hauptbahnhof zur Semperoper mit dem Taxi, kein Problem in normalen Zeiten, am 3. Oktober eine Hindernisfahrt. Nachdem die Taxifahrerin bereits an zwei Stellen wieder kehrtmachen musste, war sie der Verzweiflung nah, als sich ihr an einer Kreuzung ein Polizeioberkommissar in den Weg stellte: »Hier läuft nichts mehr, stellen Sie bitte den Motor ab!« So schnell wollte die Chauffeuse nicht klein beigeben »Ich habe einen Fahrgast, der zum Landtag muss, wer bezahlt ihm die Mehrkosten, wenn wir hier warten müssen?« Mit diesem Argument hatte der Polizist nicht gerechnet, er kommentierte den Einwand mit einem Achselzucken. Wenige Sekunden später brauste die Eskorte des finnischen Präsidenten heran und bog in die Querstraße ab. Danach hob der Polizist freundlich seinen Arm und die Fahrt konnte weitergehen. Die Mehrkosten waren noch erträglich. Das Warten hatte gerade mal 40 Pfennig gekostet.

Der Koch weiß alles
Die Beschreibung des Mannes vom Protokoll, der mir den Weg zum Empfang des Bundeskanzlers beschrieb, ließ etwas zu wünschen übrig. »Sie gehen von hier aus links um das Schloss, durch das Georgentor und dann durch die Sicherheitsschleuse.« Das hörte sich einfach an, war in der Praxis aber problematisch; denn überall gab es nur verschlossene Türen, die sich auch durch heftiges Anklopfen nicht öffneten. Also Freunde und Helfer fragen. Die Polizeikommissarin und ihr gleichrangiger Kollege kommen aus Brandenburg, haben folglich nur eine geringe Ortskenntnis. Die Nachfrage bei ihren Kollegen bringt auch nicht viel. »Ja, zum Essen des Bundeskanzlers gelangt man durch eine Sicherheitsschleuse.« Wo diese sich befindet, weiß keiner der Uniformierten. Während sie über Funk bei anderen Kollegen nachfragen, kommt durch die Absperrung ein Koch. Wir fragen ihn nach der Sicherheitsschleuse. Natürlich weiß er, wo diese sich befindet. Um zum Kanzleressen zu gelangen, muss man durch das Georgentor, sich rechts halten und gleich wieder rechts und dann am Eingang zum Museum klopfen. Stimmt. So gelangt man zu den Fleischtöpfen des Bundeskanzlers.

Wie in alten Zeiten
Zwei BGS-Beamte, die vor zwei Jahren zur Sicherungsgruppe kamen, stehen an der Tür zum Saal, in dem der Bundeskanzler den französischen Präsidenten, den deutschen Bundespräsidenten, die US-Außenministerin und noch ein Dutzend weitere hochrangige Gäste zum Mittagessen geladen hat. »Wenn man das einige Male erlebt hat, wird auch so ein Ereignis zur Routine.« Sein Kollege schränkt aber ein: »Das ist aber immer noch viel besser als bei der Bahnpolizei. Dort ist man für die meisten Bürger ja ein Ersatz-Bahnbeamter, den man nach der Abfahrt des Zuges fragen kann.« Der livrierte Oberkellner kommt heran und fragt die beiden reichlich barsch: »Könnt Ihr uns nachher beim Servieren helfen; uns die Tür aufhalten?« Die beiden Beamten schauen sich fragend an. »Ja« antwortet einer von ihnen zögernd, zieht dabei etwas die Schultern hoch, »das können wir schon.« Eine der Kellnerinnen hat zugehört: »Wenn Ihr das macht, dann kriegt ihr auch einen Apfel.« Ihre rotblonde sächsische Kollegin setzt noch eins drauf: »Und noch eene Bannaane.« Der für die Sicherheit im Museum zuständige Mann löst das Problem durch zwei Holzkeile, die unter die Türen geschoben werden. Damit sind die Schwingtüren offen und die BKA-Beamten haben beide Hände für ihre Arbeit frei.

Gefährdungsanalyse
»So viel Polizei. Das ist so wie früher in der DDR«. Der Taxifahrer, mit dem ich zurückfahre, kann nicht verstehen, wieso die Dresdener Innenstadt abgeriegelt ist. Vielleicht ärgert er sich aber in erster Linie darüber, dass der 3. Oktober nicht das erhoffte gute Geschäft brachte. Bis zum Hauptbahnhof bleibt er bei einem Thema: Die Polizeipräsenz: »Bei der letzten Wahl haben mehr als 50 Prozent Biedenkopf gewählt, was soll denn hier passieren?«

Personenschutz aus der Sicht des Betroffenen: Dr. Hans-Jochen Vogel

Ein Buch über den Personenschutz zu schreiben, erweist sich in einer Hinsicht als schwieriges Unterfangen. Es lässt sich zwar darstellen, wie Personenschutz funktioniert, man kann sich dabei mit der Ausbildung der Beamten, ihrer Ausrüstung, den Fahrzeugen, vielleicht der Einsatztaktik und allen möglichen anderen Aspekten befassen. Eine wichtige Frage bleibt aber unbeantwortet: Welche Auswirkungen hat der Personenschutz auf die Person, der die Schutzmaßnahmen gelten?

Sicherlich leuchtet ein, dass eine Person, die gegenwärtig von der Sicherungsgruppe beschützt wird, keine detaillierte Auskünfte geben kann. Entweder müsste sich eine entsprechende Befragung auf Allgemeinheiten beschränken – dies würde den Leser sicher nicht zufrieden stellen -, oder aber es würden Details an die Öffentlichkeit gelangen, die einem möglichen Attentäter von Nutzen sein könnten.

Ich möchte an dieser Stelle Dr. Hans-Jochen Vogel, ehemaliger Bürgermeister von München wie Berlin, Bundesminister der Justiz, Vorsitzenden der SPD – damit ist sein vielseitiges politisches Leben nur ansatzweise umrissen – besonders herzlich danken, dass er für dieses Buch ein Vortragsmanuskript zur Verfügung stellte. Vor der Polizeiführungsakademie beschrieb er im Jahr 1982 den Personenschutz aus der Sicht des Betroffenen. Dieses Referat hat nichts von seiner Aktualität verloren. Ganz im Gegenteil. Der Zeitpunkt seines Vortrags fiel in eine Zeit, in der insbesondere die Bedrohung durch RAF-Terroristen von allen verantwortlichen Stellen durch die Bank als sehr hoch eingeschätzt wurde. Dementsprechend umfangreich waren die damals getroffenen Sicherheitsvorkehrungen. Hans-Jochen Vogels Schilderung ist facettenreich. Er hinterfragt Sinn und Berechtigung des Personenschutzes, zeigt auf, wie stark die Sicherheitsmaßnahmen das Leben des Beschützten beeinflussen und beschreibt eindrucksvoll die Rolle der Schutzperson im Gesamtkonzept der zu treffenden Schutzmaßnahmen. Diese Vielfalt und die persönliche Art der Beschreibung dessen, was Personenschutz für die Schutzperson bedeutet, rechtfertigt, den Vortrag in leicht gekürzter Form, ergänzt um wenige Erläuterungen [in eckigen Klammern], nachfolgend wiederzugeben:

»Seit September 1974 habe ich unter Personenschutz gestanden. Er dauert auch gegenwärtig [1982], wenn auch in reduzierter Form, noch an. Das sind nun fast 7 1/2 Jahre. Übrigens ein Schutz, der nicht nur mir, sondern auch den Familienangehörigen [Frau und drei Kinder] zuteil wurde und der ergänzt wurde durch einen sehr intensiven Objektschutz im Dienstgebäude und in meiner privaten Wohnung. Da ergab sich schon ein kleines Problem. Ich habe während

Dr. Hans-Jochen Vogel

wurde am 3. Februar 1926 in Göttingen geboren. 1943 legte er seine Reifeprüfung ab und war danach bis Kriegsende Soldat. Nach dem Krieg begann er in Marburg mit dem Studium der Rechtswissenschaften. 1950 promovierte er zum Dr. jur. und nahm danach eine Tätigkeit im Bayerischen Justizministerium an. Von 1960 bis 1972 war er Oberbürgermeister von München. Nachdem er 1970 in den Vorstand der SPD gewählt worden war, übernahm er 1972 das Ministerium für Raumordnung, Bauwesen und Städtebau. Am 16. Mai 1974 ernannte ihn Bundespräsident Gustav Heinemann zum Bundesminister der Justiz. 1981 wurde Hans-Jochen Vogel zum Regierenden Bürgermeister von Berlin gewählt. 1983 kehrte er in den Bundestag zurück und war dort bis 1991 Fraktionsvorsitzender seiner Partei. Von 1987 bis 1991 bekleidete er zugleich das Amt des Parteivorsitzenden. Danach übernahm er 1993 den Vorsitz im »Verein gegen Vergessen – Für Demokratie e.V.«

■ Dr. Hans-Jochen Vogel

meiner Bonner Amtszeit meinen Hauptwohnsitz in München beibehalten; in Bonn hatte ich nur ein kleines Appartement. Meine Familie lebte weiterhin in München, und ich bin – auch weil mein Wahlkreis dort war – regelmäßig an den Wochenenden nach München zurückgekehrt. Die Intensität der Schutzmaßnahmen war unterschiedlich. Das hing von den jeweiligen Erkenntnissen und den Gesamtumständen ab. Außer den üblichen Schutzvorkehrungen haben offenbar gelegentlich noch Ergänzungen durch so genannte Vorfeldbeobachtungen stattgefunden. Jedenfalls war nach einiger Übung auch mir erkennbar, dass die Zahl der Kraftfahrzeuge gleichen Typs und gleichen Kennzeichens, die in näherer und weiterer Umgebung auftauchten, vorübergehend etwas größer war als sonst. Kritische Situationen hat es, wenn ich mich richtig entsinne, in der ganzen Zeit eigentlich so gut wie nicht gegeben. Auf dem Flughafen Mün-

chen-Riem hat einmal ein Mann, der ein altes Vorurteil gegen mich hegte, der selbst aber schon 70 oder 75 Jahre war und infolgedessen nicht zu dem Personenkreis gehörte, auf den die Aufmerksamkeit in erster Linie gerichtet war, unter dem Vorwand, mir Blumen überreichen zu wollen, dies mit dem Versuch verbunden, mir ein paar Ohrfeigen zu geben. Dies war wohl die einzige kritischere Situation. Dann ist es in Berlin gelegentlich zu Versammlungsstörungen gekommen, aber das ist dort eher ein alltäglicher Vorgang und nichts, was ich unter den Begriff »kritische Situationen« einreihen möchte.
Der Schutz meiner Person ist eine Aufgabe, die dem Bundeskriminalamt bis zu meinem Übergang nach Berlin in vollem Umfang oblag und seitdem für meine Aufenthalte in Westdeutschland obliegt. Dabei waren aber natürlich nicht nur Beamte des Bundeskriminalamtes tätig, sondern in sehr weitem Umfang abgeordnete jun-

ge Kollegen aus dem Bundesgrenzschutz. Überschlägige Berechnungen ergeben, dass seit dem Jahr 1974 [Hans-Jochen Vogels Ernennung zum Bundesminister der Justiz] in dieser Aufgabe etwa 300 Beamte tätig waren, davon 270 Beamte aus dem Bundesgrenzschutz. Was den Objektschutz angeht, so war dieser für das Bundesjustizministerium durch die dafür notwendige Verordnung dem Bundesgrenzschutz übertragen. Für meine Wohnung in München war es eine Aufgabe der Bayerischen Landespolizei, die diese Aufgabe über Jahre hin durch zwei mit Maschinenpistolen [Heckler & Koch MP 5] bewaffnete Posten auf dem Hausflur – ich wohnte in einem Hochhaus im 19. Stock – wahrnahm. Dies war insbesondere für Besucher der anderen Wohnungen immer ein sehr eindrucksvolles Erlebnis, weil man diesen 19. Stock nur mit dem Aufzug erreichen konnte. Die Aufzüge kündigten ihr Eintreffen mit einem Klingelzeichen an. Auf dieses Klingelzeichen hin gingen die Kollegen mit ihren Maschinenpistolen in Anschlag. Dies war für diejenigen, die das erste Mal dort aus dem Aufzug ausstiegen, ein überraschender Vorgang. Natürlich gab es auch noch Sicherungsmaßnahmen technischer Art, die allerdings so kompliziert waren, dass ich mir nicht sicher bin, ob sie auch im Ernstfall in vollem Umfang funktioniert hätten. Sie haben funktioniert, aber in Fällen, in denen sie eigentlich nicht hätten funktionieren sollen! Ob sie auch im Ernstfall funktioniert hätten, das musste erfreulicherweise nicht erprobt werden. Dann kamen natürlich noch jeweils die örtlichen Polizeikräfte hinzu bei meiner lebhaften Reise- und Versammlungstätigkeit.

Nur ein paar Gedanken, die man sich über Sinn und Rechtfertigung des Personenschutzes macht. Der Sinn besteht wohl in erster Linie darin, den Betroffenen, das heißt sein Leben und seine Gesundheit zu schützen. Ob dies allein den Personenschutz bereits tragen und rechtfertigen würde, das erscheint mir nicht ganz unzweifelhaft. Wenn dies der einzige Rechtfertigungsgrund wäre, dann würde wahrscheinlich die Willensentscheidung des Betroffenen, ob er geschützt werden will oder nicht, jeweils am Anfang stehen und würde auch den Ausschlag geben. Das ist aber wohl in der Praxis nicht so.

Und außerdem bin ich mir nicht ganz sicher, ob die vernünftige Abwägung allein unter diesem Gesichtspunkt den Aufwand und die Gefährdung der Schützenden rechtfertigt. Denn aus meiner eigenen Erfahrung als Bundesjustizminister weiß ich, dass die Schutzmaßnahmen im Zweifel die Schützenden mindestens im gleichen Maße gefährden wie die Beschützten. Wenn ich beispielsweise an den Fall Schleyer denke, dann hat dieser Anschlag [am 5. September 1977 in Köln] mit dem Tod der Begleitbeamten [Reinhold Brändle, Helmut Ulmer und Roland Pieler] und des Fahrers [Heinz Marcisz] begonnen. Und auch bei dem Anschlag auf den Generalbundesanwalt [Siegfried Buback am 7. April 1977 in Karlsruhe] war es wohl im Grunde genauso [auch bei diesem Anschlag wurden der Leiter der Fahrbereitschaft, Georg Wurster, und der Fahrer Wolfgang Göbel ermordet].

Es kommt indes ein zweiter Gesichtspunkt hinzu, und den halte ich persönlich für den ausschlaggebenden. Das ist nämlich die negative Auswirkung, die ein geglückter Anschlag, die eine Entführung, die die Ermordung eines Inhabers bestimmter Funktionen in unserem Gemeinwesen für das Gemeinwesen haben würde. Zum Beispiel ein Anschlag auf den Bundespräsidenten, auf den Bundeskanzler, aber auch auf Mitglieder der Bundesregierung oder auf Richter, die mit einschlägigen Verfahren befasst sind. Man kann den Personenkreis noch etwas ausdehnen. Als negative Auswirkungen für das Gemeinwesen nenne ich für den Fall der Entführung die Erpressbarkeit des Gemeinwesens. Sie wissen ja, dass die Antwort auf die Frage, ob man im Entführungsfall der Erpressung nachgeben soll oder nicht, nicht von vornherein feststand; sie hat sich vielmehr allmählich entwickelt. Zum Zweiten die Verunsicherung, die Besorgnis der Bürger, ob dieser Staat in der Lage ist, den Gemeinschaftsfrieden wirklich zu gewährleisten, wenn er nicht einmal in der Lage ist, seine Verfassungsorgane zu schützen. Und zum Dritten auch die negative Auswirkung im Falle eines Anschlags, insbesondere im Falle der Entführung, auf die Inanspruchnahme des gesamten Sicherheitspotenzials. Wenn ich mir noch einmal vor

Augen führe, in welchem Umfang das Sicherheitspotenzial der Bundesrepublik Deutschland in den Wochen der Schleyer-Entführung in Anspruch genommen war, und mir vorstelle, dass durch die Personenschutzmaßnahmen erreicht worden ist, dass es eben nur diesen Fall gab und nicht zehn oder 20 weitere Fälle, und wenn ich mir vorstelle, was auf diese Weise an Sicherheitspotenzial, an Dienststunden gespart worden ist, dann muss man wohl auch von daher sagen, dass Personenschutz dazu beiträgt, den Gemeinschaftsfrieden und die Schutzfähigkeit des Staates zu erhalten. Das ist der Punkt, der den Ausschlag gibt.

Eine weitere Bemerkung zu Sinn und Rechtfertigung des Personenschutzes. Es ist eine wahrscheinlich nie verbindlich und insbesondere nicht etwa gerichtlich zu entscheidende Frage, wie es denn aussieht, wenn sich ein zu Schützender definitiv weigert; also das Problem des Schutzes wider Willen. Das ist eine interessante Frage, aber sie ist wohl mehr theoretischer Art. Ich glaube, wenn jemand den Schutz absolut und definitiv ablehnt, dann stellt sich die Rechtsfrage wahrscheinlich schon deswegen nicht, weil der Schutz dessen, der sich konstant weigert, vergebliche Liebesmüh wäre.

Als Politiker ist man manchmal in der Versuchung, die Überlegung anzustellen: Verzichte doch! Das macht einen sehr starken Eindruck, du wirkst dann als mutiger Mann, der unbesorgt ist um seine Sicherheit und der auf all diese Inanspruchnahmen verzichtet. Dann wirst du eine günstigere Beurteilung durch die Mitmenschen finden. Das ist eine Überlegung, die der eine oder andere sicher einmal anstellt. Andererseits dann die Überlegung, ob sein Leben wirklich gefährdet ist, ob er seine Überlebenschance dadurch steigert, dass er geschützt wird. Ich will Ihnen persönlich sagen, wenn ich selber diese Abwägung vorzunehmen hätte, und natürlich hat man sie irgendwann einmal vorgenommen, dann glaube ich, muss man im Interesse der Gemeinschaft der Versuchung widerstehen als tapferer und mutiger Mann dazustehen, indem man den Schutz ablehnt, weil man damit nicht nur über das eigene Risiko, die eigene Gesundheit, das eigene Leben verfügt, sondern weil man damit im Anschlagsfalle der

Gemeinschaft all die Nachteile auflädt, die der Schutz ja verhindern soll. Man profiliert sich also, wenn ich es richtig sehe, mit der Weigerung ein bisschen auf Kosten der Nachteile, die die Gemeinschaft im Anschlagsfalle, im Entführungsfalle, erleiden würde.

Noch ein Wort in diesem Zusammenhang zu Sinn und Rechtfertigung des Personenschutzes, zur Auswahl der Schutzpersonen, also die Anknüpfungsperson. Das ist natürlich eine Frage, die von den Experten beantwortet werden muss, inwieweit man an die Funktion anknüpft, inwieweit man an individuelle Drohungen und Erkenntnisse anknüpft. Was ich hier jetzt ansprechen will, ist nicht dies Problem, sondern die Frage, inwieweit das auf den Familienkreis ausgedehnt wird. Dies wirft für die betroffenen Familien zusätzliche Probleme auf, insbesondere dann, wenn es um Kinder geht, die noch die Schule besuchen. Die ganztägige Begleitung von Kindern im Alter von zehn, elf, zwölf Jahren ist wahrscheinlich für die Betreffenden eine noch schwerere Belastung als für einen, der aktiv in der Arbeit steht, so wie die Schutzperson selber. Das führt dann auch weitgehend zur Isolierung in der Klasse, im Freundeskreis.

Die momentane Befriedigung, dass man irgendwie sehr bedeutend erscheint, verliert jedes Gewicht gegenüber dieser Gefahr einer vollständigen Isolierung.

Jetzt einige individuelle und persönliche Bemerkungen. Die eine habe ich bereits eingeleitet. Ein Personenschutz rund um die Uhr, also der Stufe 1, ist ohne Zweifel ein tiefer Eingriff in die Privatsphäre. Das Ergebnis ist eine völlige Transparenz der Lebensführung, die auch bei stärkster Zurückhaltung der Begleitpersonen überhaupt nicht zu vermeiden ist. Die Begleitpersonen haben alsbald einen völligen Überblick über die Gesprächspartner, über den Bekanntenkreis, über Freundschaften, über Urlaubsgewohnheiten, über politische Kontakte. Gustav Heinemann [Bundespräsident von 1969 bis 1974] hat diesen Personenschutz einmal als offenen Strafvollzug unter ständiger Anwesenheit von Bewährungshelfern bezeichnet. Ich muss sagen, der offene Strafvollzug ist für die Freigänger sicherlich bei weitem nicht so weit in das Private hinein vorgeschoben wie hier. Dies, was ich da sage, wird auch durch die nicht zu leugnenden Annehmlichkeiten nicht aufgewogen. Wenn man reist, hat das seine Annehmlichkeiten, wenn man immer jemanden bei der Hand hat, der einem hilft und alle möglichen Dinge erledigt. Auch die so genannten Vorabklärungen bei Versammlungen und Veranstaltungen sind für den Schützling ganz interessante Vorweginformationen über die eine oder andere Auffälligkeit. Auch sonst sind die Beobachtungen und Gespräche, die sich da ergeben, mitunter eine recht nützliche Informationsquelle, zum Beispiel wenn man mit den Begleitern, die das ja nun über Jahr und Tag machen, nach Versammlungen über den Ablauf der Versammlungen diskutiert. Außerdem sehen und hören die Kollegen, die einen begleiten, die ja dann nicht vorne dabeisitzen, sondern weniger erkannt unter den Teilnehmern sind, eine ganze Menge: Reaktionen, die man vorne nicht so wahrnimmt.

Nächste Frage: Soll die Schutzperson auf die Schutzmaßnahmen und auf den Ablauf dieser Aktivitäten selbst Einfluss nehmen? Meine Erfahrung ist, dass man das nicht tun soll oder nur mit äußerster Zurückhaltung. Ich meine, die Schutzperson muss sich, und dies hängt wieder mit der Rechtfertigung der ganzen Maßnahme zusammen, grundsätzlich als Objekt dieser Maßnahme betrachten. Das heißt natürlich nicht als ein willenloses Objekt; der Schützling wird schon seine Meinung sagen, aber er sollte der Versuchung widerstehen, so zu tun als sei er der eigentliche Kommandoführer. Dies würde zu einer völligen Vermischung der Verantwortung führen und zwar gerade im Krisenfall. Dies würde auch die Vertretung der Maßnahmen gegenüber der Öffentlichkeit erschweren. Wenn man anfängt, sich als Schutzperson einzumischen und zu sagen, dies will ich und dies will ich nicht, dann kommt man automatisch in die volle persönliche Verantwortung für alle Maßnahmen und alle Aktivitäten, denen man nicht widersprochen hat, und das ist eine Vermischung der Zuständigkeit.

Die Frage, ob man beispielsweise um ein Ministerium einen Stacheldraht braucht, und ob der so aussehen muss, wie er aussieht, ist keine, auf die der Geschützte Einfluss nehmen sollte. Das müssen die Zuständigen wissen, aber auch verantworten. Deswegen noch einmal: Der Schützling ist gut beraten, wenn er sich als Objekt dieser Maßnahmen betrachtet und sich nicht in die Verantwortung derer einmengt, die auf diesem Gebiet die Kompetenz haben und meistens auch die besseren Kenntnisse.

Wichtig ist weiter, dass eine möglichst weit gehende personelle Stabilität und Kontinuität besteht. Der ständige Personalwechsel ist nicht nur für den Schützling unangenehm, sondern er ist auch für die Aufgabe schwierig, weil die neu Hinzukommenden zunächst nicht die Personenkenntnis haben und nicht die Kenntnis der Verhältnisse. In den schwierigen Zeiten während der Schleyer-Entführung [1977] war der Wechsel vorübergehend in meinem Bereich so stark, dass ich im Ernstfall Freund und Feind infolge täglich neu auftauchender Personen nicht hätte auseinander halten können. Ich habe mich nur der Hoffnung hingegeben, dass die Beamten selber Freund und Feind im Ernstfall auseinander gehalten hätten. Gut, das war damals eine extreme Situation, aber es ist auch ein Beweis dafür, dass eben Kontinuität und Stabilität schon einen Stellenwert hat. Insbesondere gilt das für die Kommandoführung. Ich hatte das Glück, dass meine Kommandoführer – das kann ja nie einer ununterbrochen machen – im Grunde über all die Jahre hin, die Gleichen waren. Dies ist ganz wichtig und ebenso bedeutsam ist auch, dass dieser Betreffende ein hohes Maß an Lebenserfahrung hat. Ich verstehe gut, dass Sie für die Schutzaufgabe sehr junge Beamte vom Bundesgrenzschutz heranziehen, die im Schnitt nach meinen Beobachtungen wohl nicht viel älter als 21 oder 22 Jahre waren. Bei manchen hatte ich den Eindruck, sie seien noch ein bisschen jünger. Umso wichtiger war, dass die Kommandoführer deutlich älter waren. Mein erster Kommandoführer, wenn ich ihn so bezeichnen darf, war wohl schon über 40 und verfügte über ein Maß an Lebenserfahrung, das ihm die Aufgabe erleichterte und mir die Sache auch angenehmer gemacht hat. Es gehört eben zur Wahrnehmung der Aufgabe Ortskunde und Personenkunde gleichermaßen. Man muss die Eigenheiten und Gegebenheiten kennen und das ist in wenigen Tagen gar nicht möglich. Im übrigen: Auch der Personenwechsel muss im Zusammenhang mit dem Eingriff in die Privatsphäre gesehen werden. Es gibt jetzt ungefähr 300 Mitbürger in der Bundesrepublik Deutschland, die über die Familiengepflogenheiten der Familie Vogel im Detail im Bilde sind.

Nächste Frage: Intensität des Familienanschlusses. Da gibt es, soweit ich dies beobachten konnte, unterschiedliche Verfahrensweisen. Es gibt einzelne Schützlinge, bei denen gehören die Begleitbeamten innerhalb kurzer Zeit mehr oder weniger zur Familie, sie sind mehr oder weniger vollständig vereinnahmt; andere neigen eher zum gegenteiligen Modell.

Ich meine, dass man eine volle Vereinnahmung vermeiden sollte. Erstens wieder im Interesse der Aufgabe, zweitens, weil sich bei einem Personenwechsel dann auch schwierige Fragen der Gleichbehandlung ergeben. Wenn sie von sieben Leuten umgeben sind, dann lässt sich das normalerweise gar nicht leisten. Und wenn sie eine Auswahl treffen, dann werden natürlich Fragen gestellt: Wieso der und der nicht? Aus diesen Erwägungen ist eine gewisse Distanz – jedenfalls keine Vollvereinnahmung – sehr empfehlenswert.

Der nächste Punkt ist die Notwendigkeit absoluter Diskretion. Es lässt sich überhaupt gar nicht vermeiden, dass der Begleitbeamte, insbesondere wenn er eine Zeit lang dabei ist, im politischen Bereich Beobachtungen macht, an denen andere, die das nichts angeht, lebhaft interessiert sein könnten. Ich will gar nicht nur von der Presse reden, die ja auf diese Weise auch das eine oder andere für ihre Tätigkeit in Erfahrung bringen könnte. Für das Vertrauensverhältnis – das dieser Schutz ja voraussetzt – ist die absolute Diskretion eine ganz entscheidende Voraussetzung.

Nächster Punkt ist die Zurückhaltung im Auftreten. Natürlich hat man in 7 1/2 Jahren gelegentlich auch Symptome von Übersicherung erlebt. Dafür möchte ich zwei Beispiele nennen. Das eine sind junge Beamte, die voller Eifer gerade von ihren Lehrgängen oder von ihren Einweisungen kommen und die dann in dem Bestreben, es besonders gut zu machen, ein solches Maß an Aufsehen erregen, dass dadurch nicht die Abschreckung, sondern die Aufmerksamkeit leidet. Mir ist besonders eindrucksvoll in Erinnerung geblieben, als zwei ältere Herren, die ihre Verwendung in dieser Aufgabe offenbar nicht als besonders einleuchtend empfanden, sich ständig mit entsicherter Maschinenpistole in einem Zwei-Meter-Abstand um mich herum bewegten. Eine andere Form von Übersicherung ist ärgerlicher. Wenn Wahlkämpfe stattfinden, dann gehören die für den Personenschutz zuständigen Minister aus den jeweiligen Ländern manchmal auch zur anderen Partei. Das ist ja nicht immer deckungsgleich. Mitunter wird der betreffende Wahlredner, der jeweils für die gegnerische Partei auftritt, in kleineren Ortschaften in einer Art und Weise gesichert, dass bei der Bevölkerung der Eindruck entstehen muss, die Mitglieder der Bundesregierung könnten sich überhaupt am besten nur noch in geschlossenen, gepanzerten Schutzfahrzeugen bewegen, mit mindestens zwei Fahrzeugen mit Blaulicht vorne und dann noch einem entsprechender Wagen dahinter. Dies geschieht sicherlich immer in guter Absicht, aber eben mit Nebeneffekten, die ich unter das Stichwort Übersicherung einreihe. Nach meiner Ansicht ist die Verwendung von Blaulicht bei Fahrten zu politischen Veranstaltungen überhaupt nicht zu rechtfertigen. Ich habe deshalb manchmal sehr nachdrücklich Maßnahmen ergriffen, damit das Blaulicht zum Verlöschen kam. Meistens sind wir dann einfach stehen geblieben und das hat dann in der Regel den gewünschten Erfolg gebracht.

Wenn ich nun ein Schlussresümee ziehen soll, dann möchte ich sagen, dass der Gesamteindruck all dessen, was ich in den vergangenen 7 1/2 Jahren erlebt habe, sehr positiv war; dass das Verständnis derer, die sich um mich bemüht haben, höchste Anerkennung verdient; dass es eigentlich nie eine Situation gegeben hat, in der ich hätte sagen wollen, lieber verzichtet man auf all diesen Schutz. Nein: Das war alles sehr positiv, den Umständen angemessen und deshalb sage ich den beiden hier im Saal anwesenden Kollegen stellvertretend für die übrigen 300, die mich im Laufe der Zeit begleitet haben, bei dieser Gelegenheit ein sehr herzliches Wort des Dankes.«

Private Personenschützer

Die private Sicherheitsbranche ist im Aufschwung begriffen. Die vom *Bundesverband Deutscher Wach- und Sicherheitsunternehmen* (BDWS) veröffentlichten Zahlen belegen dies und die unverändert hohen Zuwachsraten lassen vermuten, dass die Bedeutung dieses Wirtschaftszweiges in der Zukunft noch weiter steigen wird.

spiegelt sich der Marktanteil, den der private Personenschutz einnimmt; denn immer noch arbeiten die meisten Angestellten im Sicherheitsgewerbe als Pförtner und Parkwächter, im Ordnungsdienst, Geld- und Werttransport, Werk- und Objektschutz. 1994 übernahmen nur 0,4 Prozent der Beschäftigten Personenschutzaufgaben.

	1992	1994	1996	1998	2000
Zahl der Unternehmen	1290	1700	1900	2200	2500
Umsatz in Mrd. DM	3,8	4,5	4,95	5,2	5,4
Beschäftigte	97.000	109.000	115.000	133.000	140.000

In den Zahlen des BDWS sind noch nicht einmal alle Unternehmen enthalten. Der *Deutsche Industrie- und Handelstag* (DIHT) erfasste für das Jahr 1999 eine Gesamtzahl von 230.000 Beschäftigten in diesem Wirtschaftsbereich. Allerdings entwickeln sich die einzelnen Sparten der Sicherheitsindustrie mit unterschiedlicher Dynamik. Als grober Anhalt soll hier genügen, dass ein harter Verdrängungswettkampf in all jenen Bereichen tobt, in denen die Mitarbeiter keinen hohen Ausbildungsstand aufweisen.

Der Gesichtspunkt, mit dem wir uns in dieser Darstellung befassen, nimmt im florierenden Geschäft mit der Sicherheit nur einen geringen Raum ein. Dies wird beim Durchblättern eines im Jahr 1995 erschienenen vielseitigen Handbuches über das private Sicherheitsgewerbe deutlich. Dort findet der Leser unter dem Stichwort »Personenschutz« nur wenige Sätze. In dieser Gewichtung

Firmen, die Personenschutz und nichts Anderes anbieten, muss man in Deutschland mit der Lupe suchen. Fast immer offerieren die Unternehmen Komplettangebote im Bereich der Sicherheitsbranche, bei denen der Personenschutz nur eine Nebenrolle spielt. Dieser Befund spiegelt sich in den Mitgliederverzeichnissen der Berufsvertretungen und Verbände der Privatanbieter von Sicherheit. Kein Mitglied des *Verbandes privater Ermittlungs- und Sicherheitsdienste* bot im Jahr 2000 Personenschutz an. Nicht viel anders liegen die Verhältnisse im *Bundesverband Deutscher Wach- und Sicherheitsunternehmen – Wirtschafts und Arbeitgeberverband.* Einen vollständigen Überblick über die Sicherheitsbranche bieten die Mitgliederverzeichnisse dieser Organisationen jedoch nicht; denn viele Unternehmen verzichten auf eine Mitarbeit im BDWS.

Glaubt man den Veröffentlichungen aus den Reihen der privaten Sicherheitsbranche und auch staatlichen Quellen, dann hat sich der Stellenwert des Personenschutzes in den zurückliegenden Jahren nur wenig verändert. Eine sichere Bewertung ist aber schwierig, da es genaue Zahlen für die gesamte Branche nicht gibt. Man muss daher auf andere Hinweise achten, um die Bedeutung des privaten Personenschutzes zu erfassen. Bereits bei oberflächlicher Betrachtung der Regenbogen-Medien ist unübersehbar, dass private Personenschützer zunehmend mehr ins Rampenlicht rücken: Bei Sportveranstaltungen wie Boxkämpfen, Tennis- oder Fußballspielen werden

■ Aramidgeflechte, zum Beispiel aus der Kunstfaser Twaron, sorgen für die schusshemmenden Eigenschaften moderner Schutzwesten. In den letzten Jahren konnte die Qualität dieser »Körperpanzerungen« so weit gesteigert werden, dass eine Brust-Rücken-Weste, die wenig mehr als ein Kilogramm wiegt, dennoch 9 mm-Para-Geschosse aufhält. Die hessische Firma Mehler zählt zu den führenden Herstellern. Da die Zahl der Schutzwesten tragenden Frauen kontinuierlich stieg, arbeitet Mehler seit einigen Jahren mit dem BH- und Unterwäsche-Hersteller Triumph zusammen. So konnten anatomische Fragen in der Konstruktion zufrieden stellend gelöst werden.

die Prominenten durch private Leibwächter beschützt. Auch Wirtschaftsbosse zählen zu ihrer Klientel. Als der Chef des US-Konzerns Microsoft, Bill Gates, im Frühjahr 2000 bei Thomas Gottschalk in »Wetten dass« zu Gast war, sorgten mehr als 100 *Bodyguards* für seine Sicherheit. Für Top-Models wie Claudia Schiffer, Cindy Crawford oder Naomi Campbell stellt die Dauerbegleitung durch private Sicherheitskräfte eine Selbstverständlichkeit dar. Auch bei Preisverleihungen an Stars und Sternchen gehören die breitschultrigen Männer mit dem Knopf im Ohr zum Beiwerk.

Die Fähigkeiten der *Bodyguards* waren bis in die 90er-Jahre hinein ähnlich unterschiedlich wie der Bekanntheitsgrad der »Prominenten«, die sie beschützen. Mancher absolvierte einen Tageskurs in irgendeinem Hinterhof, andere holten sich das Rüstzeug für ihren Job in einer Kick-Box-Schule oder verdienten früher als Profi-Boxer ihr Geld. Gehaltvolle Ausbildungsgänge zum Personenschützer bildeten bis vor einigen Jahren die Ausnahme. Aber selbst die Absolventen solcher Lehrgänge, für die die Veranstalter nicht selten 10.000 Mark und sogar mehr verlangten, konnten nicht sicher sein, dass ihnen hierbei wirklich das Rüstzeug für ihren späteren Beruf vermittelt wurde. In diesen Instituten, die zum Teil ihre Lehrgänge im Ausland durchführten, ging es meist recht rüde zu. Diese so genannte Härte sollte den meist unerfahrenen Eleven Professionalität vorgaukeln. Zum Abschluss gab es dann ein »Zeugnis«, eine »Graduierung« oder gar ein »Diplom«. Später mussten die frisch gebackenen Personenschützer dann häufig feststellen, dass ihre auf Büttenpapier aufgedruckten Leistungsnachweise bei potenziellen Arbeitgebern nichts galten.

In den 80er-Jahren hatten diese Jung-*Bodyguards* bei der Besetzung der freien Stellen in den großen, renommierten Unternehmen ohnehin keine Chance. Die Personalchefs setzten damals nahezu ausnahmslos auf Männer mit einschlägigen Erfahrungen. Insbesondere schenkten sie denjenigen Bewerbern ihr Vertrauen, die ihr Handwerkszeug bei staatlichen Stellen gelernt hatten. Ehemalige Bundeswehrangehörige, Landespolizisten und besonders BGS-Beamte hatten gute Chancen, dort eine der hoch dotierten Stellen zu erhalten. Sehr begehrt waren in den späten 70er- und in den gesamten 80er-Jahren ehemalige Angehörige der GSG 9. Deutsche Weltkonzerne setzten in der Hochzeit des RAF-Terrorismus auf die Erfahrung und das Fachwissen der »Helden von Mogadischu«, wenn die Besetzung einer freien Stelle in ihren Sicherheitsabteilungen anstand, und diese Männer warben in der Folgezeit ihre früheren Kollegen gleich dutzendweise von der BGS-Eliteeinheit ab.

Seit Beginn der 90er-Jahre vollzog sich im Bereich der Ausbildung in der Sicherheitsbranche ein Reinigungsprozess. Dabei blieben viele schwarze Schafe auf der Strecke. Mehr und mehr gewannen seither seriöse Schulen die Oberhand. Eine weitere Ursache für die stärkere Akzeptanz der in privaten Einrichtungen ausgebildeten Personenschützer liegt in einem Wandel bei den Polizeien des Bundes und der Länder. Während Angehörige der *Spezialeinsatzkommandos* (SEK) und der GSG 9 bis vor wenigen Jahren mit Schrecken an die Dienstjahre nach ihrer Verwendung in den Eliteeinheiten dachten, unternahmen die Innenministerien in der letzten Zeit große Anstrengungen, um diese Beamten nach der Dienstzeit ihren Fähigkeiten gemäß zu verwenden. Einen weiteren Dämpfer für die Wechselwilligkeit der Elite-Beamten in die freie Wirtschaft brachte die öffentliche Diskussion um die Sicherheit der Renten und die Notwendigkeit der privaten Altersvorsorge. Wer einen 32-jährigen Hauptmeister mit Zulage, der verheiratet ist und

zwei Kinder hat, von einem Spezialeinsatzkommando oder der GSG 9 abwerben möchte, muss viel Geld in die Waagschale legen; denn die Beamten haben gelernt, die Angebote aus der Wirtschaft mit spitzem Bleistift nachzurechnen. Um unter diesen Voraussetzungen gleichziehen zu können, kommen schnell Monatsbruttolöhne in fünfstelliger DM-Höhe zustande. Zu viel für viele Unternehmen. Hinzu kommt, dass sich mittlerweile auch unter Polizisten herumgesprochen hat, dass ihr Beruf zwar viele Härten mit sich bringt, dass es aber in einigen Bereichen der freien Wirtschaft noch ganz andere Erschwernisse gibt. Zwischen tariflicher Theorie und alltäglicher Praxis klafft dort mitunter eine breite Lücke. Der Ausgleich von Überstunden ist keineswegs überall gang und gäbe und immer noch muss mancher Urlaubstag »freiwillig« für Weiterbildungsmaßnahmen geopfert werden.

»Ohne Personenschutz geht kaum ein Manager nach Osteuropa oder nach Mittel- und Südamerika«, berichtet ein ehemaliger GSG-9-Beamter, der sich in den frühen 90er-Jahren selbstständig machte und seit einigen Jahren auch Personal für die Sicherheitsbranche schult. Die sinkende Zahl wechselwilliger Polizisten, die gleichzeitig steigende Nachfrage nach geschulten Sicherheitsfachkräften und die hohe Arbeitslosigkeit füllten Ausbildern in Sachen Sicherheit die Lehrsäle. Die Institute stehen dem Bewerberansturm zum Teil hilflos gegenüber. Björn-Michael Birr, Chef der *BSN-Akademie* in Timmendorfer Strand, braucht weitere qualifizierte Lehrkräfte in vielen unterschiedlichen Bereichen. Englischlehrer sind ebenso gefragt wie Nahkampfausbilder; Kommunikationstrainer besitzen gleiche Einstellungschancen wie Juristen. Die Sicherheitsbranche braucht bestmöglich ausgebildete Wissensvermittler, um ihren Auszubildenden das Rüstzeug zu vermitteln, das notwendig ist, um den ständig steigenden Anforderungsprofilen der Industrieunternehmen zu genügen. »Mit Mittelmaß geben sich Konzerne wie Siemens, Infineon oder die großen deutschen Banken nicht zufrieden«, weiß Birr.

Das Familienunternehmen *Kötter* aus Essen bildet seine Personenschützer selbst aus. Dieses Konzept trägt, weil viele Konzerne auf eigene Sicherheitsabteilungen verzichten und für diesen

Der erste Kommandeur der GSG 9, General a.D. Ulrich K. Wegener, ist für das Sicherheitsunternehmen Kötter als Berater tätig.

■ Ein professioneller Einsatz erfordert eine genaue Vorbereitung. Wie im staatlichen Personenschutz nimmt auch bei privaten Sicherheitsdiensten die Voraufklärung einen immer höheren Stellenwert ein.
Foto: Kötter-Security

■ Da immer mehr Frauen in führende Positionen aufsteigen, nimmt auch die Zahl der Personenschützerinnen zu. Eine ausgefeilte Technik ist notwendig, um den Angriff eines körperlich stärkeren Gegners abzuwehren.
Foto: Kötter-Security

Bei Großveranstaltungen – im Bild der bayerische Ministerpräsident Edmund Stoiber im schleswig-holsteinischen Wahlkampf 2000 – stellt die Zusammenarbeit zwischen privaten und staatlichen Personenschützern die Regel dar.
Foto: BSN, Timmendorfer Strand

Zweck auf das Angebot anerkannter Dienstleister aus der Sicherheitsbranche zurückgreifen. Der Firmenchef von Kötter macht kein Geheimnis daraus, woher er sich das *Know how* für seine Personenschutz-Ausbildung besorgt. Seit Jahren steht ihm als Berater der beste Kenner der internationalen Sicherheits-Szene, der ehemalige Kommandeur der GSG 9, Ulrich K. Wegener, zur Seite. »Die Ausbildung bei Kötter entspricht GSG-9-Standard«, stellt lakonisch jener Mann fest, der 1977 den Einsatz in Mogadischu leitete.

Auch andere Firmen setzen aus gutem Grund auf Berater aus staatlichen Institutionen. »Diese Leute haben ihr Wissen nicht aus irgendeinem Kolloquium, sondern kennen seit Jahrzehnten alle Facetten der Branche. Viele von ihnen sind froh, wenn sie nach ihrer Pensionierung noch eine sinnvolle Aufgabe haben und ihr reichhalti-

ges Wissen einbringen können«, weiß ein Firmeninhaber, der nicht genannt werden möchte, und ergänzt: »deren jüngere Kollegen, die noch im Dienst sind, wären bei gleicher Qualifikation für ein Unternehmen meiner Größe nicht bezahlbar.«

Über diese ehemaligen staatlichen Ordnungshüter läuft ein großer Teil der Kommunikation zwischen der Polizei und den Herstellern. Auch dank ihrer Hilfe gelang es innerhalb weniger Jahre die Ausrüstung der Polizei deutlich zu verbessern. Moderne Waffen, Sicherheitswesten und Einsatzfahrzeuge wurden nicht zuletzt auf Grund des Wissens der intimen Kenner der polizeilichen Arbeit beschafft und bestehende Systeme verbessert. Auf die Ausbildung der Polizisten hatten die Ehemaligen aus Bund und Ländern jedoch keinen Einfluss; denn aus unerfindlichen Gründen gilt hier der Grundsatz: Wer draußen ist, hat offiziell nichts mehr zu sagen.

Es kann an dieser Stelle nicht angestrebt werden, die Firmen aufzulisten, geschweige denn intensiver zu behandeln, die in welcher Form auch immer Personenschutz anbieten. Es kann auch nicht der Zweck dieses Buches sein, Möchtegern-Personenschützern den Weg zum richtigen Ausbilder zu weisen. Einige Hinweise sollen daher genügen: Das Unternehmen sollte Kurse und Prüfungen anbieten, die mit einem *IHK-Zertifikat* abschließen. Manche Unternehmen bilden in erster Linie für die eigene Personenschutzabteilung aus, bei anderen Ausbildungsinstituten handelt es sich um reine Schulungsstätten. Welche Spielart besser ist, lässt sich allgemein gültig nicht sagen. Wer sich für eine Ausbildung zum Personenschützer bewirbt, sollte möglichst mehrere Angebote prüfen und selbstkritisch beurteilen, ob die Anforderungen, die der Beruf des Personenschützers stellt und die eigenen Fähigkeiten übereinstimmen.

Dass dieser Beruf zukunftssicher ist – ein wichtiges Kriterium für die Berufswahl – unterstreicht die zunehmende Aufgabenvielfalt. Besonders spektakulär war der Aufschwung im Bereich des Personenschutzes für Sportler. Die Ursache für diesen *Boom* bildete ein trauriger Anlass, der fast eine Sportlerkarriere beendet hätte.

1992 erhielt die Weltranglisten-Erste im Damentennis, Monica Seles, erste Morddrohungen. Angeblich stammten sie von kroatischen Extremisten, die mit einem Anschlag auf die in Serbien geborene Tochter ungarischer Eltern in den Wirren des untergehenden Jugoslawiens ein Zeichen setzen wollten. Die Sicherheitsvorkehrungen wurden auch aus diesem Grund im *Grand-Slam*-Turnier von Wimbledon verstärkt. In England wurde Monica Seles nicht zum Opfer eines Attentats. Dieses Schicksal ereilte sie am 30. April 1993 Im Viertelfinale der Internationalen deutschen Meisterschaften in Hamburg-Rothenbaum. Ein damals 38-jähriger Mann aus der Nähe von Nordhausen in Thüringen stürzte sich in einer Spielpause auf die junge Frau und verletzte sie durch einen Stich mit einem Fleischermesser zwischen den Schulterblättern. Als sich der Täter rund ein halbes Jahr später vor Gericht für sein Tun verantworten musste, kamen seine Beweggründe

ans Tageslicht. Er habe, so gestand er der Richterin, durch das Messerattentat dafür sorgen wollen, dass die von ihm hoch verehrte Stefanie Graf wieder die Nummer Eins im Welttennis werde. Viele Beobachter meinten, das Urteil für den Täter sei recht milde ausgefallen: Zwei Jahre auf Bewährung.

Das Attentat von Hamburg-Rothenbaum veränderte manches. Kein Veranstalter einer großen Sportveranstaltung verzichtet seither auf den Schutz der Akteure, nicht zuletzt deshalb, um sich spätere Schadensersatzklagen wegen ungenügender Sicherheitsvorkehrungen zu ersparen.

Noch weitaus größere Ausmaße nimmt seit Jahren der Schutz der Reichen ein. Zahlreiche Entführungsfälle belegen die reale Bedrohungssituation für diesen Personenkreis. Die Sicherheitsunternehmen entwickelten gerade für diese Kundschaft spezielle Schutzprogramme. Thomas Fischer, ein ehemaliger GSG-9-Beamter, der über viele Jahre in einem großen Sicherheitsunternehmen für den Fachbereich Personenschutz verantwortlich war, umriss in einem 1997 erschienenen Aufsatz die Zielsetzung: Bei möglichst geringen Kosten soll die Schutzperson einen möglichst hohen Schutz erhalten. In der Praxis erwies sich unter diesem Ansatz der Einsatz von elektronischen Schutzvorkehrungen als besonders sinnvoll, gerade im Hinblick auf die Kosten: Personenschutz rund um die Uhr kann mit etwa 80.000 Mark monatlich zu Buche schlagen. Auch für Großverdiener eine stattliche Summe. Eine wesentliche Rolle spielt die Beratung der Schutzperson. Dazu gehören Ratschläge, die auf den ersten Blick einleuchten: So etwa der Hinweis, wann immer möglich die tägliche Fahrtroute zu wechseln und Regelmäßigkeiten im Tagesablauf zu vermeiden. Andere Empfehlungen dürften so manchen Reiselustigen überraschen. Während viele Deutsche geradezu das »Abenteuer« suchen und weder vor Reisen in Bürgerkriegsregionen wie Malaysia oder Sri Lanka oder Staaten wie Kolumbien oder Bolivien zurückschrecken, die dafür bekannt sind, dass dort viele Kriminelle die Entführung von Ausländern und die Lösegelderpressung betreiben, gehen Sicherheitsunternehmen einen völlig anderen Weg. Sie nutzen die Informationen, die das Auswärtige Amt und eine

Vielzahl weiterer staatlicher Institutionen aber auch private Berater – wie etwa das in München ansässige *Institut für Krisenberatung und Konfliktforschung* – anbieten und raten ihren Kunden von Reisen in Krisenregionen dringend ab. Statt dessen empfehlen Sie ihren Schützlingen, moderne Kommunikationsmittel wie etwa Telefon- oder Videokonferenzen zu nutzen.

Dennoch kann nicht verhindert werden, dass im Zeitalter der immer dichter werdenden Wirtschaftsverflechtungen die weltweit handelnden Unternehmen auch ihre Vertreter in »gefährliche Länder« entsenden müssen. Trotz sorgfältiger Risikoanalyse und zum Teil umfangreicher Sicherheitsvorkehrungen ließen sich nicht alle Anschläge und Entführungen verhindern. Für großes Aufsehen sorgte die Entführung des Hoechst-Mitarbeiters Rudolf Cordes und des bei Siemens beschäftigten Alfred Schmidt im Januar 1987 im Libanon. Nach mehr als einem Jahr kamen die beiden frei. Gefahren lauern keinesfalls nur in der so genannten Dritten Welt. Seit Jahren greifen griechische Terroristen immer wieder deutsche Unternehmen an. Auf den ersten Blick erstaunlich ist, dass sie dabei auf die Sympathie in Teilen der griechischen Öffentlichkeit und sogar der Regierung zählen können. Dieser Schulter-schluss erklärt sich durch die Forderung, Deutschland solle an Griechenland Reparationsleistungen für Schäden leisten, die im Verlauf des II. Weltkriegs entstanden. Die kommunistisch orientierte griechische Terrororganisation »17. November«, die am 7. und 28. Mai 1991 mit Panzerfäusten die Siemens-Niederlassung in Athen und die »Löwenbrauerei« angriff, forderte die Zahlung von Reparationen in Höhe von 43 Milliarden US-Dollar.

Für private Personenschützer ergibt sich ein weites Betätigungsfeld. Die Gründe dafür, dass es bisher noch nicht zu einem regelrechten *Bodyguard*-Aufschwung in Deutschland kam, sind vielschichtig. Die in diesem Zusammenhang mitunter genannte dürftige Rechtsgrundlage spielt bei näherem Hinsehen nur eine untergeordnete Rolle; denn das, was die Privaten dürfen, reicht allemal aus, um die erforderlichen Schutzmaßnahmen durchzuführen. Weitaus schwieriger ist es, qualifizierte Ausbilder und – das ist nicht weniger wichtig – begabte und leistungswillige Auszubildende zu finden. Wie umfangreich und qualitativ hochwertig eine Ausbildung zum Personenschützer sein kann, soll am Beispiel der *BSN-Akademie* aus Timmendorfer Strand näher beleuchtet werden.

Die BSN-Akademie

Zügig fährt die etwa 50-jährige Frau in ihrem dunkelblauen Golf durch das Industriegebiet von Timmendorfer Strand. An der Mühlenau hält sie an und steigt aus. In dem Moment, in dem sie die Fahrertür schließt, fallen Pistolenschüsse. »Ich hab ihn erwischt!«, brüllt ein junger Mann. Ein weiterer drahtiger Bursche hechtet über eine Hecke, reißt dabei eine Pistole aus dem Holster und schießt auf mehrere vorbeilaufende Männer. Zwei von ihnen tragen blaue Helme, mit denen sich normalerweise Eishockeyspieler schützen, und zerren einen Mann mit Sonnenbrille weg, den sie links und rechts unter den Achseln gepackt haben. Die Golffahrerin schenkt der Szene keine Beachtung. Völlig unbeeindruckt geht sie ihrer Wege.

Ein weiterer Fall von Gleichgültigkeit? Steckt die Frau irgendwie in dieser Sache mit drin? Alles falsch. Das, was gerade in der Mühlenau geschah, ist Alltag in Timmendorfer Strand. Mehrmals im Monat kommt es zu solchen Szenen, aber niemand käme deshalb auf die Idee, das mondäne Strandbad an der Ostsee als Hochburg der Kriminalität zu bezeichnen.

Die Frau erlebte eine Übung der BSN-Akademie, die im »Hohen Norden« Frauen und Männer auf ihre spätere Tätigkeit im Personenschutz vorbereitet. Der 30-jährige Firmeninhaber heißt Björn-Michael Birr. Ein hoch gewachsener, schlanker Mann mit Kurzhaarfrisur. Die kräftigen, sehnigen Hände fallen auf, mehr noch der leicht federnde Gang und besonders die neugierigen Augen. Kein Zweifel, die Augen sind der Spiegel der Seele. Ja mehr noch, sie sind auch ein Kriterium, um zu erkennen, was jemand drauf hat: Psychisch und auch physisch.

Die äußere Erscheinung passt zum Lebenslauf. Mit 18 trat er in den Bundesgrenzschutz ein. Nach seiner zweieinhalbjährigen Ausbildung bewarb er sich für die GSG 9, bestand den Eignungstest und absolvierte 1992 die achtmonatige, knallharte Ausbildung der Eliteeinheit. Ein Jahr später gründete er im Alter von 22 Jahren seine erste Firma: den BSN-Sicherheitsdienst. Veranstaltungsschutz, Werttransporte und besonders Personenschutzaufträge prägten in den kommenden Jahren den Arbeitsablauf seines Unternehmens. Der Erfolg spiegelt sich in der Namensänderung. Während BSN zunächst als Abkürzung für *Birr Sicherheitsdienst Norddeutschland* stand, ließ der politische Wandel zu Beginn der 90er-Jahre und der wirtschaftliche Erfolg das Einsatzgebiet und das Angebotsspektrum bis zum *Baltic Safety Network* (zu Deutsch etwa: »Sicherheitsnetzwerk im Ostseeraum«) wachsen. 1999 hob Birr die *BSN-Akademie* aus der Taufe und begann mit der Ausbildung von Frauen und Männern für deren spätere Tätigkeit im Sicherheitsgewerbe.

Von Beginn an orientierte sich die *BSN-Akademie* an den Vorstellungen und Anforderungen, die spätere Arbeitgeber an ihre Mitarbeiter stellen. Vom ersten Lehrgang an stellte sich heraus, dass die Mehrzahl der Auszubildenden an der *BSN-Akademie* bereits einen anderen Beruf ausübte. In den ersten Befragungen der Kandidaten für die Lehrgänge wurde ein Grund besonders häufig genannt: Die Berufswechsler suchten einen krisenfesten Beruf mit Zukunft. Das Ausbildungs-System der Akademie trägt diesem Umstand Rechnung und baut daher Schritt für Schritt die Fähigkeiten der Teilnehmer aus, indem es ihnen die Möglichkeit eröffnet, sich durch aufeinander aufbauende Lehrgangsteile immer weiter fortzubilden und somit immer höher zu qualifizieren.

Personenschützer kann man in Birrs Akademie nicht im ersten Anlauf werden und nur die wenigsten erreichen dieses Ziel überhaupt. Bis dahin ist es ein weiter Weg. Die Schüler beginnen mit einer achtwöchigen Trainingsphase, die sie bei Erfolg als *IHK geprüfte Sicherheitskraft* beenden. In diesem Ausbildungsgang erhalten die Teilnehmer Einblicke in die Grundlagen der Sicherheitsbranche. Sie lernen die Arbeiten bei Messen kennen, trainieren für den Empfangsdienst, erlernen die Durchführung von Zutritts- und Zufahrtskontrollen. Objektschutz gehört zum Lernprogramm, und es werden ihnen die Grundlagen über Brandschutz und Arbeitssicherheit vermittelt. Das Mindestalter für diese erste Stufe des Ausbildungskonzepts beträgt 18 Jahre. Weitere Voraussetzungen sind möglichst ein Führerschein der Klasse B und – darauf wird vom ersten Moment an besonderer Wert gelegt – ein makelloses Polizeiliches Führungszeugnis. Die Feststellung der Eignung für erweiterte Sicherheitsdienstleistungslehrgänge an der *BSN-Akademie* ergibt sich aus der bestandenen IHK-Prüfung und einer guten Beurteilung.

In der Weiterbildung *IHK geprüfte Sicherheits-Fachkraft* wird den Lehrgangsteilnehmern innerhalb von 20 Wochen umfangreiches Wissen in unterschiedlichen Bereichen des Sicherheitsgewerbes vermittelt. Das beginnt mit der Tätigkeit in einer Notruf- oder Serviceleitstelle, geht über den Werkschutz, die Fluggastkontrolle und den Veranstaltungsschutz bis zu bewaffneten Sonderdiensten im Bereich des Geld- und Werttransportes sowie im Rahmen von Ermittlungsdiensten. Die Bewerber müssen in der Regel mindestens 21 Jahre und dürfen nicht älter als 55 sein. Darüber hinaus müssen sie eine sportliche Grundleistungsfähigkeit mitbringen, die im Eignungstest überprüft wird.

Nur die besten Absolventen erhalten neben ihrem Zeugnis einen Eignungsnachweis für die höchste Stufe: Die Ausbildung zum Personenschützer.

Was haben die Manager eines Unternehmens, das Mikrochips herstellt, ein Firmenchef aus dem Bereich der Kommunikationstechnik und ein

Björn-Michael Birr

■ Björn-Michael Birr

wurde 1971 in Lübeck geboren. Nach der Schulausbildung trat er 1989 in den Bundesgrenzschutz ein. Nach zweieinhalbjähriger Ausbildungszeit bewarb er sich bei der Grenzschutzgruppe 9, der er bis 1993 angehörte. Dann wechselte er vom Staatsdienst in die freie Wirtschaft und gründete die *BSN Sicherheitsdienste GmbH.*, der 1997 die *BSN Sicherheitsfachschule GbR* folgte. 1999 wurde er Geschäftsführer der *BSN-Akademie GmbH* und 2001 Vorstandsvorsitzender der *BSN Sicherheits- & Krisenmanagement AG*. Unter anderem war Björn-Michael Birr seit 1994 als Sicherheitsberater, Ausbildungsentwickler und Krisenmanager; Referent, Dozent und Konzeptentwickler für Unternehmenssicherheit sowie als Sachverständiger tätig.

■ Eine Grundvoraussetzung für Personenschützer ist die Fähigkeit, sich über einen langen Zeitraum konzentrieren zu können. Nur dann können sie bei einem Angriff »aus dem Stand heraus« reagieren.

Zur Ausbildung gehört auch das Drücken der Schulbank. Wann immer möglich, wechseln sich bei BSN Theorie und Praxis ab. Und Hausaufgaben gibt es auch: Was praktisch geübt wurde, wird handschriftlich ausgearbeitet. Was gesehen *und* niedergeschrieben wurde, prägt sich am besten ein

berühmter deutscher Sänger gemeinsam? Sie alle werden von Frauen und Männern beschützt, die ihr Handwerk in der BSN-Akademie erlernten.

Wege in die Sicherheitsbranche

Bereits in seiner Schulzeit wollte der 1978 geborene **Thorsten Krisat** zur Polizei. Er leistete ein Schulpraktikum beim Bundesgrenzschutz ab in Neustadt/Schleswig-Holstein. Der Vater überredete ihn nach dem Schulabschluss aber dazu, »etwas Richtiges zu lernen«. Er begann daraufhin eine Lehre als Einzelhandelskaufmann. Mit 17 lernte er Björn-Michael Birr im Ju-Jutsu-Verein kennen und jobbte so nebenbei bei BSN, unter anderem im Wachdienst am Timmendorfer Strand. Mit 18 bestand er den Einstellungstest »Sicherheitsdienst« bei BSN. Danach wurde er zur Bundeswehr eingezogen. In der A-Kompanie des Fallschirmpanzerabwehrbataillons 272 in Wildeshausen/Niedersachsen absolvierte er acht Sprünge. Am Wochenende nahm er an Fortbildungsmaßnahmen bei BSN teil. Im Dezember 1999 begann er in Timmendorfer Strand den Personenschutz-Lehrgang. Eine Woche vor Lehrgangsende war es sein größter Wunsch, hier einmal als Dozent tätig sein zu können. Sein Traum erfüllte sich. Wenige Monate spä-

ter erhielt er das Angebot eines Weltkonzerns. Er nahm es an.

Jürgen Lilge wurde 1967 geboren. Nach dem Besuch der Realschule begann er eine Lehre als Universalfräser. Nach der Lehre leistete er seinen Zivildienst ab. Danach machte er sich mit einer Schule für Thai- und Kick-Boxen selbstständig. Er sammelte auch Erfahrungen mit den von der israelischen Armee entwickelten Nahkampftechniken Krav-Maga und belegte viele Kurse über Nahkampf- und Selbstverteidigungstechniken. Lakonisch fasst er deren Erfolg zusammen: »Die meisten Kurse haben viel Geld gekostet, mir aber nur wenig gebracht«. Danach machte er beruflich so manches, war auch als Türsteher tätig. Beim *Bund Deutscher Schützen* hörte er von einem Ausbilder, dass die Firma BSN Sicherheitskräfte für die EXPO 2000 ausbilden würde. Nach den Grundlehrgängen begann er 1999 den Personenschutz-Lehrgang. Selbstkritisch schätzt er seine Zukunftsmöglichkeiten ein. Er möchte im Personenschutz arbeiten und sieht in der Ausbildung, die er bei BSN absolviert, einen guten Grundstein für seine weitere berufliche Zukunft.

Zwei unterschiedliche Männer, die keinesfalls den Durchschnitt der Lehrgangsteilnehmer bei BSN repräsentieren. Sicherlich gibt es hier auch gering motivierte Kandidaten, denen ihr Berater

■ Thorsten Krisat besuchte 1999/2000 den Personenschutz-Lehrgang bei BSN. Für die erfolgreiche Teilnahme waren auch gute Schießergebnisse – hier in der Übung »767« – Voraussetzung.

beim Arbeitsamt erzählte, dass sie es doch einmal in der Sicherheitsbranche versuchen sollten. Es kommen auch Langzeitarbeitslose, die nach der zweiten oder gar dritten Maßnahme schon längst keine Zukunftsperspektive mehr sehen. Es kommen in der Mehrzahl aber hochmotivierte Frauen und Männer zu BSN, die die Aussichten, die dieser im Aufstieg befindliche Zweig der Wirtschaft bietet, für sich nutzen wollen.

»Je härter die Ausbildung ist und je mehr Kenntnisse die Leute von hier mitnehmen, desto besser sind deren spätere Chancen und gleichzei-

tig spricht sich bei potenziellen Arbeitgebern herum, dass wir eine gute Ausbildung bieten.« Dies ist die Philosophie von BSN. Die Ansprüche an die Ausbildung und an die Auszubildenden sind gleichermaßen hoch. »Reich werden kann man mit diesem Anspruch nicht«, sagt Björn-Michael Birr, »denn wir lassen nur die besten Bewerber zu diesem Ausbildungsgang zu.« Für die meisten Leibwächter-Eleven endet daher das Abenteuer Personenschutz bereits nach einem Tag, denn sie scheitern am Eignungstest. Aber auch von denen, die zu dem viermonatigen Lehrgang zugelassen

■ Man muss nicht die Statur eines *Bodybuilders* haben, um im Personenschutz erfolgreich arbeiten zu können, aber ein gewisses Maß an Kraft ist Grundvoraussetzung. In der BSN-Akademie nimmt daher Sport einen wesentlichen Anteil des Ausbildungsprogramms ein. Die Ausbilder machen jede Übung mit. Auch später im Einsatz ist der Kommandoführer nicht der Befehlsgeber, der seine Leute mal machen lässt. Er trägt im Ernstfall nicht nur die Last der Verantwortung, sondern auch die Last der Schutzperson.

■ Lob und Tadel treffen die gesamte Gruppe. Wenn Fehler gemacht werden, dann gleicht die Gruppe dies durch Liegestützen wieder aus. Auch hierbei gilt: Die Ausbilder machen alles mit.

■ Jürgen Lilge beim Schießen mit dem Modell 640 *Centennial* von Smith & Wesson im leistungsstarken Kaliber .357 Magnum, Lauflänge 2 1/8 Zoll..

Frank Neubarth

wurde 1964 in Berlin geboren. 1980 begann er seine Ausbildung zum Kaufmann und trat 1983 in die Bundeswehr ein. Von 1985 bis 1987 arbeitete er als selbstständiger Kaufmann und absolvierte danach eine Ausbildung zum Kommunikationstrainer und belegte mehrere Gastsemester im Fach Psychologie. Seit 1992 ist er als freiberuflicher Kommunikationstrainer und psychologischer Berater tätig. Bei der BSN betreut er mehrere Fächer; unter anderem ist er Leitender Fachdozent Kommunikation & Psychologie und Fachdozent Einsatztraining. Frank Neubarth ist seit 1989 hochgraduierter Dan-Träger verschiedener Künste der Selbstverteidigung.

■ Frank Neubarth

werden, erhält nur jeder Dritte das begehrte Zeugnis.

Die vier Monate in Timmendorfer Strand sind für die im Durchschnitt 26 Jahre alten Auszubildenden eine knochenharte Angelegenheit. Jeden Tag stehen drei bis 20 Kilometer lange Ausdauerläufe auf dem Programm. »Kondition und Kraft bilden eine Grundvoraussetzung für den Beruf des Personenschützers«. Frank Neubarth setzt die Belastung der Teilnehmer stetig herauf. Im Lauf der Wochen wird das Training immer anstrengender. »Der Hügel« ist unter den Teilnehmern berüchtigt und ebenso die Strandläufe. Individuelle Fehler werden durch freiwillig erbrachte Liegestütze bereinigt. Ein Fehler ist zum Beispiel ein Verstoß gegen die festen Regeln, die es in der *BSN-Akademie* gibt. Pünktlichkeit ist eine Selbstverständlichkeit, ebenso das Grüßen der Dozenten und manche Teilnehmer müssen lernen, dass man jede Tür hinter sich auch wieder schließt. BSN setzt auf Uniformität, deshalb erhalten die Auszubildenden alle die gleichen dunkelblauen Overalls. Dies alles hat einen guten Grund, den Frank Neubarth beschreibt: »Die meisten Auftraggeber verlangen von Personenschützern neben einer hohen fachlichen Kompetenz auch ein sicheres

Das Einsatztraining beginnt mit Übungen, in denen die Reaktionsschnelligkeit der Auszubildenden und der schnelle Wechsel zwischen Angriff und Verteidigung einstudiert werden.

Um Schläge richtig abblocken zu können, muss die Muskulatur in Spannung versetzt werden. Und ohne den Willen zur Abwehr geht gar nichts.

■ Eine wirksame Abwehrtechnik, die auch auf engstem Raum praktiziert werden kann.

und korrektes Auftreten; denn sie repräsentieren, da sie in unmittelbarer Nähe der Spitzenfunktionäre sind, auch das Unternehmen nach außen.«

Der BSN-Tag beginnt um 8.45 Uhr und endet um 17.15. Alle 90 Minuten – nach zwei Unterrichtseinheiten – gibt es eine kleine Pause. Zwischen 12 und 13 Uhr ist Mittagspause. In den Einsätzen kommen nach einigen Wochen auch die Auszubildenden zum Zug, dann kann es spät werden. Meist steht Veranstaltungsschutz auf dem Programm. Rockkonzerte, Messen oder Politikerauftritte werden von BSN-Mitarbeitern geschützt. Für manche Lehrgangsteilnehmer sind diese täglichen Herausforderungen zu viel, sie stecken auf.

■ Ist genügend Platz vorhanden, kann ein Angreifer durch Überlaufen außer Gefecht gesetzt werden.

■ Das Überlaufen ist eine sehr wirkungsvolle Abwehrtechnik, die sich – der Laie wird staunen – verhältnismäßig leicht erlernen lässt.

Die Ausbilder lehren die Abwehr unterschiedlicher Waffen. Der *Tonfa* – ein aus Asien stammender Schlagstock – erfreut sich seit Jahren steigender Beliebtheit, nicht nur bei der Polizei und bei Sicherheitsunternehmen. Das Erlernen der vielfältigen Techniken, die damit ausgeführt werden können, ist recht schwierig. Um das Verletzungsrisiko zu vermindern, trainieren die Auszubildenden mit Schaumgummiummantelten *Tonfas*.

Tonfa gegen Messer: Nur auf den ersten Blick befindet sich der Messerkämpfer im Nachteil ...

■ Mit einem Ausfallschritt und einem langgestreckten Stoß kann der Messerkämpfer ohne Problem zwei Meter und mehr im Bruchteil einer Sekunde überwinden. So gefährlich ist diese Waffe in den Händen eines erfahrenen Messerkämpfers.

■ Wenn die Karriere als Personenschützer nicht schnell vor einem Richter enden soll, sind tiefer gehende Rechtskenntnisse notwendig. Falls die Kriterien der Notwehr oder der Nothilfe erfüllt sind, stehen auch privaten Personenschützern genügend Möglichkeiten zur Abwehr eines Angriffs zur Verfügung. Liegen die Bedingungen von §127,1 der Strafprozessordnung vor, ist es jedermann gestattet – daher *Jedermanns-Paragraph* – eine Person vorläufig festzunehmen und notfalls zu fesseln. Den Leuten von BSN stehen unter anderem Plastikfesseln, Klettband oder Handschellen zur Verfügung.

Die meisten Teilnehmer können die Mittlere Reife und eine abgeschlossene Berufsausbildung vorweisen. 13 Prozent haben Abitur und sechs Prozent der Auszubildenden an der BSN-Akademie verfügen über einen Hochschulabschluss. Betrachtet man die Ausbildungsinhalte näher, wird deutlich, dass ein Personenschützer nicht nur einiges in den Armen, sondern noch mehr im Kopf haben muss. Rechtskunde, Taktik und Waffenausbildung beinhaltet das Programm; Psychologie, Einsatz- und Sicherheitstraining stehen neben Dienstkunde, Analytik und der Konzeption von Einsätzen im Mittelpunkt. Grundkenntnisse in Erster Hilfe und das fachbezogene Beherrschen der englischen Sprache runden das Lernprogramm ab.

■ Zur Fesselung von Muskelprotzen stellen Handschellen das beste Mittel dar. Allerdings sind sie nicht für »Extremfälle« geeignet. Es soll schon Hafenarbeiter gegeben haben, denen die Eisenringe nicht um die Handgelenke herum reichten. Fachleute wissen, dass das Anlegen der stählernen Fesseln nicht ganz einfach ist. Es müssen verschiedene Dinge berücksichtigt werden. So soll die zu fesselnde Person nicht verletzt, gleichzeitig aber ein Abstreifen der Handschellen verhindert werden.

Die Inhalte der meisten Fächer liegen auf der Hand und ihre Notwendigkeit bedarf keiner weiteren Begründung. Das Erlernen von Erste-Hilfe-Maßnahmen gehört spätestens seit dem Terroranschlag auf Alfred Herrhausen zum Standard-Repertoire der staatlichen und auch privaten Personenschützer. Die späteren Ermittlungen dieses Attentats ergaben nämlich, dass der Vorstandsvorsitzende der Deutschen Bank hätte gerettet werden können, wenn unmittelbar und sachkundig Erste Hilfe geleistet worden wäre. Neben anderen Verletzungen fügte ihm ein Splitter der RAF-Bombe eine Verletzung im Bereich des Oberschenkels zu. Dabei wurde die Schlagader zerfetzt, Alfred Herrhausen verblutete.

Dass ein angehender Personenschützer über fundierte Kenntnisse im Recht verfügen muss, erklärt sich ebenso von selbst. Er muss wissen, was er darf und ebenso muss er die Grenzen kennen, innerhalb derer er handeln darf. Notwehr und Nothilfe sind Begriffe, deren Inhalt er kennen muss und er muss wissen, wann er berechtigt ist, eine Person vorläufig festzunehmen. Im Vergleich mit manch anderen Anbietern, besonders sol-

chen, deren Ausbildungsstätten im Nahen Osten liegen, ergeben sich gewaltige Unterschiede. Dort ist es häufig gang und gäbe, den Schülern zu vermitteln, dass es Angreifer zu eliminieren gilt. In Kriegs- und Krisengebieten mag diese Vorgabe richtig und auch sinnvoll sein, in Deutschland kommt man mit einer solchen Einstellung nicht weit, höchstens bis zur Anklagebank.

Da viele Einsätze ins Ausland führen, ist es ebenso notwendig, dass der Personenschützer Englisch, die Sprache der *Bodyguards*, sprechen und verstehen kann. Andere Bereiche der Ausbildung in Timmendorfer Strand sind aber so komplex, dass zum Verständnis weiter gehende Erklärungen notwendig sind.

Einsatztraining

Die Einsätze der Personenschützer sind außerordentlich vielfältig. Wieso das so ist, wird deutlich, wenn man die Gelegenheit hat, in den Terminkalender eines deutschen Politikers oder eines Spitzenmanagers zu blicken. Sechs oder sie-

Die Ausbilder spielen die bösen Buben und tragen orangefarbene Windjacken. Die Schüler sind durch Eishockey-Helme geschützt. Björn-Michael Birr erklärt den Lehrgangsteilnehmern den Ablauf einer Übung, in der unterschiedliche Einsatzsituationen trainiert werden.

Drei Personenschützer (mit blauen Schutzhelmen) sind für die Sicherheit von Herrn Meyer (mit Schutzbrille) zuständig, der einige baufällige Gebäude abreißen und an deren Stelle neue Eigentumswohnungen errichten lassen möchte. Zwei aufgebrachte Hausbesetzer (in orangefarbenen Windjacken) möchten Herrn Meyer einige Fragen stellen. Die Personenschützer (mit blauen Helmen) bilden um ihre Schutzperson ein Dreieck.

Die Hausbesetzer sind sehr erregt als Herr Meyer ihnen seine Absicht mitteilt, die alten Gebäude in wenigen Wochen abreißen zu lassen. Einer möchte Herrn Meyer in ein Gespräch verwickeln. Von links kommt ein weiterer Mann (im karierten Hemd) hinzu. Ein Personenschützer versucht, ihn zu beruhigen, sein Kollege streckt seinen linken Arm aus und blockiert so einen weiteren Hausbesetzer. Der dritte Personenschützer stellt sich zwischen die Schutzperson und eine der aufgebrachten Personen.

■ Ein Hausbesetzer wird handgreiflich, ein Personenschützer versucht, ihn von der Schutzperson abzudrängen.

ben Termine am Tag an verschiedenen Orten sind keine Seltenheit und abends kommt dann noch die Fernseh-Diskussionsrunde. Was bereits bei den staatlichen Personenschützern ausführlich behandelt wurde, gilt auch für den privaten Bereich. Gleichgültig, in welchem Umfeld die Veranstaltung stattfindet, die Konzentration der Personenschützer darf niemals nachlassen. Der Besuch eines Seniorenheims gilt zwar als relativ ungefährlich, aber selbst dort muss mit einem Anschlag gerechnet werden; und die durch den Firmenchef vollzogene Neueröffnung eines Zweigwerks könnte einen notorisch frustrierten Mitarbeiter auf den Plan rufen. In einer Vielzahl praktischer Übungen wird versucht, die Auszubildenden auf spätere Einsatzsituationen vorzubereiten. Dabei zeigen sich die Ausbilder erfindungsreich: Ein Dr. Müller besichtigt in Timmendorfer Strand den

Standort eines geplanten Kernkraftwerkes und wird dabei von aufgebrachten Bürgern gestellt. In einem anderen Fall spielt ein Baulöwe die Hauptrolle, der eine Siedlung abreißen und an ihrer Stelle Eigentumswohnungen errichten möchte. In den Übungen kommt es nicht etwa darauf an, mit körperlicher Gewalt jeden von der Schutzperson fern zu halten. Die Auszubildenden lernen, dass dadurch die Situation häufig eskaliert. Ihre Instruktoren vermitteln ihnen das Wissen, das notwendig ist, um aufgebrachte Bürger zu beruhigen und somit zur Deeskalation der Lage beizutragen. Natürlich trainieren sie auch, wie sie sich bei einem Angriff auf die Schutzperson – Lage-angepasst – verhalten. Vor diesem Hintergrund spielt die Vermittlung von Grundtechniken des Ju Jutsu bei BSN eine besonders große Rolle. Dieses Konzept beinhaltet

■ Nach der Abwehr nehmen die Auszubildenden wieder die Grundstellung – das Dreieck – ein. Diese Formation bietet die Möglichkeit, auch zu zweit einen Angreifer abzuwehren. Unmittelbarer Personenschutz bedeutet auch direkter Körperkontakt. Der Personenschützer muss zu jeder Zeit wissen, wo genau sich die Schutzperson befindet, dabei aber ständig das Umfeld beobachten, um mögliche Gefahrensituationen frühzeitig zu erkennen.

Nahkampf- und Selbstverteidigungstechniken, die 1968 von zwei Polizeibeamten entwickelt wurden. Das bis zu diesem Zeitpunkt in den Polizeischulen gelehrte Judo hatte sich bei Einsätzen der Ordnungshüter häufig als untauglich erwiesen. Ein Nahkampfausbilder drückte die Möglichkeiten des Judo im polizeilichen Einsatz einmal drastisch aus: »Judo bringt nur dann etwas, wenn das polizeiliche Gegenüber mitspielt.« Besonders in den häufig gewaltsamen Demonstrationen, die Ende der 60er-Jahre in den großen deutschen Städten an der Tagesordnung waren, spielten die Gewalttäter nicht mehr mit, sondern sie wandten gegen Polizeibeamte massiv Gewalt an. Ju Jutsu stellte die Antwort auf die veränderten Bedingungen dar. Die Techniken stammen aus mehreren Budo-Sportarten: Judo, Jiu Jitsu und Aikido, aber auch Karate und Tae Kwan Do fanden Eingang in diese Selbstverteidigungs-Lehre. Dementsprechend vielfältig sind die im Ju Jutsu gelehrten Fertigkeiten: Würfe, Hebel- und Blocktechniken, Stöße, Schläge und Tritte. Ein ehemaliger GSG-9-Mann bringt die Sache auf den Punkt: »Ju Jutsu sieht zwar im Vergleich mit anderen Formen der Kampfkunst nicht schön aus, ist dafür aber außerordentlich wirkungsvoll.«

■ Als noch ein weiterer Störer auftaucht, beschließt Herr Meyer, den ungastlichen Ort zu verlassen. Ein Personenschützer geht unmittelbar hinter der Schutzperson, die beiden Kollegen halten zwei Randalierer zurück.

Taktik

In diesem Fach lernen die Auszubildenden das breite Spektrum möglicher Einsatzvarianten kennen. Sie üben die Grundregeln der Eigensicherung. Dies wird mit der Anwendung von Selbstverteidigungstechniken und dem Erkennen möglicher Gefährdungspunkte verknüpft. Umsicht nach jeder Richtung und in jeder Hinsicht bildet die Grundvoraussetzung, um möglichst früh eine gefährliche Situation erkennen zu können. Auf dem Erlernten bauen die Ausbilder auf, wenn sie mit den Schülern die unterschiedlichen Formationen des Personenschutzes einüben. Rasch erkennen die Lernenden, dass zwischen Hollywood-Filmen und der Wirklichkeit gewaltige Unterschiede klaffen; denn die dort z.B. häufig zu sehende Formation – eine Schutzperson, ein Personenschützer – gibt es in der Wirklichkeit nicht. Um jemanden zu schützen, sind mindestens zwei Personen notwendig. Häufig werden drei, mitunter sogar fünf Personen für den Schutz abgestellt. Je nachdem, wie viele *Bodyguards* beteiligt sind, verschieben sich die Aufgaben. Je größer die Anzahl, desto kleiner ist der Aufgabenbereich.

■ Und noch eins drauf: Auf dem Weg zum Fahrzeug wird die Gruppe von einem mit einer Pistole bewaffneten Attentäter überrascht. Die Personenschützer reagieren schnell: Einer erwidert das Feuer während der zweite seine Waffe zieht und der dritte den Kopf der Schutzperson nach unten drückt, um so für den Attentäter das Ziel zu verkleinern. Gleichzeitig versucht er, die Schutzperson aus der Gefahrenzone herauszubringen.

In der Umgebung des Schulungsgebäudes können viele unterschiedliche Szenarien nachgestellt werden. Immer wieder trainieren die angehenden Personenschützer, worauf sie bei der Begleitung einer Schutzperson durch Straßen achten müssen und wie wichtig Kleinigkeiten sind: Ein geöffnetes Fenster, eine offen stehende Tür, ein Motorradfahrer auf einer Suzuki, zwei Müllmänner, der Fahrer eines Paketdienstes, eine junge Frau mit einem Kinderwagen, ein Kanalarbeiter, ein Pizzabäcker, eine alte Frau im Regenmantel, zwei junge Männer. Plötzlich reißt einer der beiden Letztgenannten seine Jacke auf und schießt blitzschnell mit einem Revolver auf die Schutzperson. Ein Personenschützer wirft sich

zwar noch auf die Schutzperson, aber im Ernstfall wäre jetzt schon alles vorbei, die Schutzperson wäre tot. Drei oder vier Mal hintereinander üben die Gruppen diese und ähnliche Situationen. Erst wenn keine Fehler mehr auftreten, kommt die nächste Gruppe an die Reihe.

Nach einer Pause üben die Gruppen eine andere Situation. Frank Neubarth gibt auf dem Hof der Akademie die Lage vor: »Vor der Tür sind Sie und die Schutzperson von einem Einzeltäter beschossen worden. Sie evakuieren die Schutzperson in dieses Gebäude. Sie müssen davon ausgehen, dass sich noch mehrere Attentäter in der Nähe aufhalten.« Diese Übung bildet einen Höhepunkt in der taktischen Ausbildung der BSN-

■ Vor der Tür schossen mehrere Attentäter auf die Schutzperson. Die Personenschützer ziehen sich in ein Treppenhaus zurück und kontrollieren, ob das Gebäude sauber (»safe«)« ist. Der Ausbilder (oben rechts) analysiert ihr Verhalten.

Akademiker; denn hier müssen die Schüler die verschiedenen Ausbildungsinhalte miteinander verknüpfen. Sie müssen sich entlang einer Fensterreihe vorarbeiten, um in das Haus zu gelangen. Dies muss schnell und dennoch umsichtig erfolgen, denn hinter jeder Scheibe könnte ein weiterer Attentäter lauern. Dann muss die aus fünf Personenschützern und der Schutzperson bestehende Gruppe in das Haus hinein. Schritt für Schritt arbeitet sich die Formation vor, vorsichtig öffnet ein Mann die Tür und macht die ersten Schritte ins Haus hinein. Nachdem er seine nähere Umgebung kontrolliert hat, kommt ein Kollege nach. Nach dem dritten Mann folgt die Schutzperson, den Abschluss bilden zwei Männer; sie sichern die Gruppe nach hinten. Danach steigt die

■ Die Absprache untereinander
erfolgt geräuschlos durch Zeichen.

■ Linke Seite: Beim Vorgehen im
Treppenhaus kommt es auf die richtige Taktik an. Jeder Mauervor-
sprung muss beobachtet, kein unbe-
dachter Schritt darf getan werden.

Gruppe Stufe für Stufe das Treppenhaus hinauf.
Vom Beginn der Übung bis zum Erreichen des
obersten Stockwerks vergehen rund 15 Minuten.
Mit den Hau-Ruck-Methoden, die Krimis des
Vorabendprogramms täglich bieten, hat ein sol-
ches Vorgehen nichts gemein.

Die Ausbildung zum Personenschützer hat
ganz allgemein betrachtet nur wenige Gemein-
samkeiten mit den Vorstellungen, die in den
Köpfen der Normalbürger über diesen Beruf existieren. Ein Teilnehmer umschrieb knapp aber
treffend, welche Voraussetzungen ein zukünfti-
ger Personenschützer mitbringen sollte: »Das ist
kein Beruf für »Rambos«, aber auch nicht für
»Softis«. Es kommt mehr auf das an, was einer im
Kopf hat als auf das, was in den Armen steckt.«

Schießen unter Stress

Jeder Schießleiter des *Deutschen Schützenbundes* wird die folgende oder eine ähnliche Szene schon einmal erlebt haben: Kreismeisterschaft in der Disziplin Sportpistole, erster Wertungsdurchgang »Duell«. Die Schützen müssen ihre Waffen mit fünf Schuss laden. Nach dem Kommando »Start« drehen sich die in 25 Meter Entfernung stehenden Scheiben weg. Nach sieben Sekunden erscheinen die Ziele wieder und jeder Schütze hat drei Sekunden Zeit, um einen Schuss auf seine Scheibe abzugeben. Dieser Vorgang wiederholt sich fünf Mal. Das klingt ein-

■ Vor und nach jedem Durchgang demonstriert der Ausbilder die Ideallösung. Auch dieser Mann erlernte sein Handwerk bei der GSG 9.

■ Auch wenn mehrere Schützen gleichzeitig schießen, steht hinter jedem ein erfahrener Schießausbilder, der besonders auf die sichere Handhabung der Waffe achtet. Nur so ist es möglich, Fehler zu erkennen und auszumerzen.

fach, in der Praxis gibt es aber häufig Probleme: Der auf der dritten Schießbahn stehende Sportsfreund ist so aufgeregt, dass er sein Magazin nur mit vier anstatt mit fünf Patronen lädt. Das Regelwerk schreibt vor, dass die vergessene Patrone so wie ein Fehlschuss gewertet werden muss. Mit dieser »Fahrkarte« ist ein Platz im Vorderfeld der Meisterschaft dahin. Wie kann so etwas denn passieren? wird sich derjenige fragen, der noch nie an einem Wettkampf teilgenommen hat. Andere Schützen sind so nervös, dass sie vergessen, den Verschluss ihrer Waffe zu schließen, oder sie stecken eine Patrone falsch herum ins Magazin. Das alles passiert, obwohl die Aufsichten beim Schießen und der Schießleiter sich alle erdenkliche Mühe geben, um die Sportler nicht noch zusätzlich aufzuregen. Mit ruhiger Stimme geben sie die Anweisungen. Zwischen den einzelnen Schüssen und den Schießserien

bleibt den Schützen genügend Zeit, um sich zu konzentrieren. Und, vielleicht das wichtigste Merkmal: Ein guter Sportschütze hat die Bewegungen, die er im Wettkampf vollführen muss, bereits tausendfach im Training geübt.

Wenn Björn-Michael Birrs Eleven zur letzten, alles entscheidenden Schießübung antreten, ist das alles ganz anders.

Abschlussübung mit der Pistole. Seit mehreren Stunden setzen die Schießausbilder die angehenden Personenschützer unter Stress. Die Regeln sind hart: Wer einen Fehler macht – zum Beispiel beim Laden des Magazins eine Patrone fallen lässt – scheidet aus. Nur die besten jedes Durchgangs qualifizieren sich für die weiteren, noch schwierigeren Übungen. Am Ende des Tages sind nur noch drei Schützen übrig. Nur sie können die Schießprüfung mit Auszeichnung absolvieren. Ihre Ausbilder setzen sie unter Druck.

■ Schießen mit der kurzen Repetierschrotflinte, mit und ohne Deckung.

Hinter jedem der drei Schützen steht eine Aufsicht, die auf jede Bewegung des Schützen achtet. Jeder noch so kleine Fehler würde zum Ausscheiden des Kandidaten führen. Das wissen die drei Männer. Die Kommandos werden sehr laut gegeben. Das Licht blendet. Nur einmal erklärt der Schießleiter, ein ehemaliger GSG-9-Angehöriger, den Ablauf der Abschlussübung.

Die Übung nennt sich »7/6/7«. Jeder Schütze muss drei Magazine seiner Glock 17 laden. In das erste Magazin füllt er sieben Patronen, das zweite lädt er mit sechs und das letzte wiederum mit sieben Patronen 9 x 19 mm.

An der 25 Meter Markierung führen die Schützen auf Kommando das erste Magazin in ihre Waffe ein, stecken die Glock 17 zurück ins Holster. Danach pumpt jeder sechs Liegestützen. Gemeinsam laufen die drei Männer bis zur Zehn-Meter-Markierung vor und feuern im stehenden Anschlag drei Doubletten auf die Zielscheibe. Danach wechseln sie gleichzeitig das Magazin, laufen zurück bis zur 20 Meter Markierung, pumpen fünf Liegestützen, spurten nebeneinander 15 Meter nach vorne und feuern im knien drei Mal zwei Schuss auf die Scheibe. Danach wechseln sie erneut das Magazin und schießen nach wiederum fünf Liegestützen aus fünf Meter Entfernung vier Doubletten auf die Scheiben. Für diesen Parcours stehen längstens 100 Sekunden zur Verfügung. Von 200 möglichen Ringen müssen mindestens 120 erreicht werden.

Sondergeschützte Fahrzeuge

Technik nimmt im Personenschutz einen immer größeren Stellenwert ein. Seit langer Zeit spielen dabei die Fahrzeuge, in denen Prominente durch die Lande rollen, eine besondere Rolle. Bereits im 18. Jahrhundert gab es Kutschen, die »kugelsicher« waren. Moderne Fahrzeuge können mit diesen eisernen Ungetümen jedoch in keiner Hinsicht mehr verglichen werden. Die Verwendung modernster Materialien bewirkte, dass ein Laie zwischen einer gepanzerten Limousine und einem Serienfahrzeug keinen Unterschied mehr erkennt. Und ihre Schutz- und Fahreigenschaften sind so gesteigert worden, dass eine Fachzeitschrift einen Artikel über diese Fortbewegungsmittel mit »*Siegfried ohne Lindenblatt*« betitelte.

Bis vor einigen Jahrzehnten war Mercedes-Benz mit weitem Abstand der weltweit führende Hersteller von sondergeschützten Limousinen, die meist mit dem Beiwort »gepanzert« charakteri-

■ Der staatliche Personenschutz setzt Fahrzeuge von BMW und (auf der nächsten Seite) von Mercedes-Benz und Audi ein.

siert werden. Auch der georgische Präsident Eduard Schewardnadse stand bzw. saß unter dem sprichwörtlichen »guten Stern«, als er am 9. Februar 1998 in Tiflis den Anschlag eines 20-köpfigen Terrorkommandos mit Sturmgewehren und Panzerfäusten nur mit ein paar Schrammen überlebte. Den Mercedes hatte ihm die deutsche Regierung nach einem fehlgeschlagenen Attentat 1995 geschenkt.

Es gab und gibt zwar auch amerikanische Hersteller solcher Fahrzeuge und auch für die höchsten Politbüro-Mitglieder der UdSSR wurden in Russland Sonderanfertigungen zusammengeschraubt, aber der Marktführer saß schon damals in Stuttgart-Untertürkheim und fertigte die rollenden Trutzburgen in Sindelfingen.

Eine Ursache hierfür lag in der jahrzehntelangen Erfahrung der Württemberger; denn seit den 20er-Jahren vertrauten die meisten Politiker und

Staatsoberhäupter in punkto Sicherheit auf die Marke mit dem Stern. Sie saßen entweder in einem Modell der Baureihe W 08/460 mit dem schönen Beinamen »Nürburg« – benannt nach dem Wahrzeichen und Namensgeber der kurze Zeit zuvor eröffneten Eifel-Rennstrecke – oder später in einem Modell 770 K, dem u.a. auch der japanische Kaiser Hirohito sein Vertrauen schenkte.

In den 90er-Jahren stieg der Bedarf an sondergeschützten Fahrzeugen sprunghaft an. Die Käufer rekrutieren sich seither nicht mehr ausschließlich aus staatlichen Institutionen und führenden Wirtschaftsunternehmen, zunehmend finden diese Pkw auch unter betuchten Bürgern Käufer.

Die Ursachen hierfür lagen in neuen Formen der Kriminalität, die in dieser Zeit neue Sicherheitskonzepte notwendig machten. Mitte der 90er-Jahre fand die *elektronische Wegfahrsperre* Eingang in die Serienfertigung. Dadurch konnte die Zahl der Autodiebstähle drastisch gesenkt werden. Sicherheitsüberlegungen wirkten sich auch auf andere Konstruktionsmerkmale aus. Wer einen neuen Mercedes ordert, hat damit auch eine *automatische Verriegelung* erworben, die wirksam wird, sobald der Wagen schneller als acht Stundenkilometer fährt und dann erst wieder aufgehoben wird, wenn die Insassen die Türgriffe betätigen. Nicht zuletzt soll diese Sicherheitseinrichtung Ampelräubern ihr schmutziges Handwerk erschweren, deren Arbeitsweise denkbar einfach ist. Sobald mehrere Fahrzeuge vor einer roten Ampel halten, öffnen diese flinken Kriminellen blitzschnell die hinteren Türen oder die Beifahrertür und greifen sich alles, was sie bekommen können. Gegenüber dem »Carjacking« ist diese Straftat noch relativ harmlos. Dabei werden die Autobesitzer mit vorgehaltener Waffe zur Herausgabe ihres Fahrzeugs gezwungen.

Wer sich dagegen schützen will, braucht mehr als automatisch verriegelnde Türen. In diesen Fällen hilft eine sondergeschützte Limousine der

Für den japanischen Kaiser Hirohito fertigte Mercedes-Benz 1930 dieses sondergeschützte Fahrzeug der Modellreihe 770 K.
Foto: DaimlerChrysler Konzernarchiv

■ **BMW 540i Protection.** *Foto: BMW.*

Beschussklasse 4. Die meisten Hersteller erweiterten ihre Produktpalette und bieten diesen Schutz nicht nur für Fahrzeuge der Oberklasse an. BMW schuf z.B. die so genannte *Protection Line.* Die Modelle 540i und die 7er-Reihe können mit diesem Sicherheitspaket geordert werden, dessen Qualitäten auch Spezialeinheiten der Polizei zu schätzen wissen. Obwohl die Umarbeiten, bei denen zum Schutz gegen Beschuss mehrlagige

Schichten der Kunststoffaser *Aramid* in die Karosserie eingebracht werden, nur mit einem Mehrgewicht von rund 135 kg gegenüber dem Serienfahrzeug zu Buche schlagen, ist der Zugewinn an Sicherheit enorm.

Dies liegt auch an einem Verbundstoff aus Glas und Stahl, für den BMW vor einigen Jahren ein Patent erhielt. Er verstärkt die Ränder der Seitenscheiben, wobei die hinteren beiden fest installiert werden und sich daher nicht mehr versenken lassen. Gegen einen mit einem Baseballschläger, einer Axt oder einer großkalibrigen

Faustfeuerwaffe bewaffneten Täter bieten diese Fahrzeuge einen zuverlässigen Schutz. Dank des geringen Zusatzgewichts ändern sich die Fahrleistungen nur unwesentlich. Der 540i Protection beschleunigt laut Werksangabe in 6,9 Sekunden von 0 auf 100 km/h und bei einer Geschwindigkeit von 250 km/h wird der Achtzylinder-Motor elektronisch abgeregelt.

Besonders in Osteuropa, dem Nahen Osten, Südafrika, Nord- Mittel- und Südamerika stieg die Nachfrage nach gepanzerten Pkw in den vergangenen Jahren sprunghaft an. Gerade bei Mittelklassewagen übernehmen solche Aufrüstungen häufig so genannte *Nachpanzerer*. Diese Firmen haben sich darauf spezialisiert, nahezu jedes Fahrzeug durch den nachträglichen Einbau von Panzerungen und diversen anderen Schutzelementen sicherer zu machen. Meist sind keine aufwändigen Veränderungen der Karosserie notwendig, denn die Aufrüstung belastet das Fahrzeug lediglich mit zusätzlichen 150 bis 200 kg. Um die Zertifizierung nach der Schutzklasse VR 4 (VR = *Vehicle Resistance*; zu deutsch etwa: Fahrzeug-Widerstand oder einfach *Fahrzeug-Schutz* – die englischen Begriffe klingen zwar sehr modern, sind aber oft sehr schwammig) zu erhalten, muss

■ **Aramidfaser-Matte.**
Foto: BMW

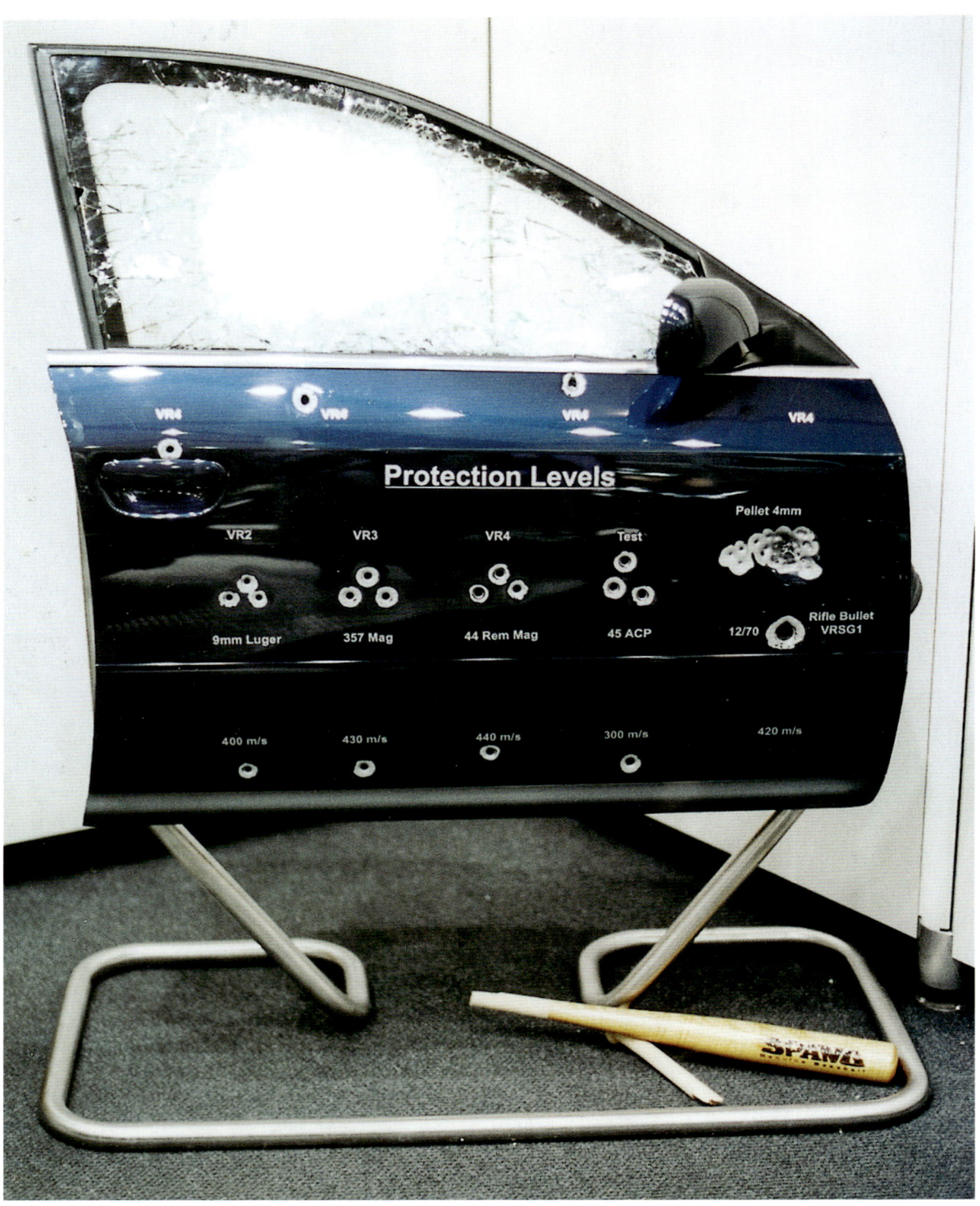

Protection Levels

VR2	VR3	VR4	Test	Pellet 4mm
9mm Luger	357 Mag	44 Rem Mag	45 ACP	12/70 · Rifle Bullet VRSG1
400 m/s	430 m/s	440 m/s	300 m/s	420 m/s

Für den A 6 bietet Audi eine Sicherheitsausstattung an, die zuverlässig gegen Alltagskriminalität schützt. Selbst einem Beschuss mit großkalibrigen Waffen – ja selbst dem Baseball-Schläger – hält die Karosserie stand.

■ Für Laien sieht die sonderge-
schützte Fahrzeugtür des Audi A 8
Security aus wie andere Türen
auch. Kein Zufall, sondern Teil der
Sicherheitsphilosophie.
Foto: Audi AG

■ Auffällig sind bei allen Model-
len die dicken beschusssicheren
Scheiben, aber die werden in der
Regel nicht heruntergelassen.

■ Drücken die Insassen die »Intercom«-Taste, können sie sich mit Außenstehenden unterhalten, wobei sich die Lautstärke regulieren lässt. Die Scheiben des sondergeschützten Fahrzeugs von Audi bleiben dank der Gegensprechanlage geschlossen.
Foto: Audi AG

■ Die Tür des sondergeschützten Fahrzeugs der S-Klasse verfügt über die gleichen Bedienelemente wie das Serienfahrzeug. Nur wenn die Scheibe zum Teil geöffnet ist, fällt das dicke Spezialglas des Mercedes auf.
Foto: DaimlerChrysler Konzernarchiv

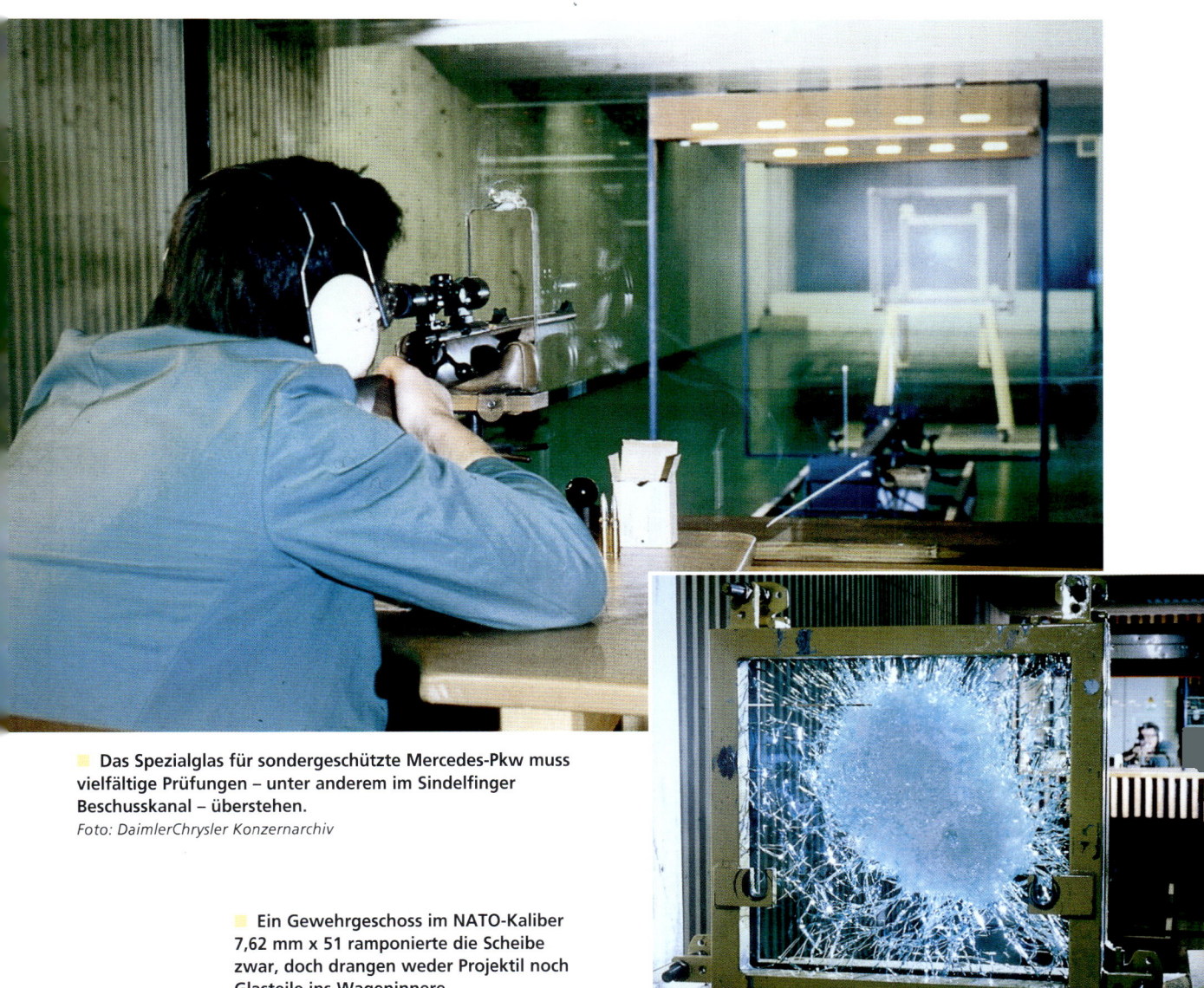

■ Das Spezialglas für sondergeschützte Mercedes-Pkw muss vielfältige Prüfungen – unter anderem im Sindelfinger Beschusskanal – überstehen.
Foto: DaimlerChrysler Konzernarchiv

■ Ein Gewehrgeschoss im NATO-Kaliber 7,62 mm x 51 ramponierte die Scheibe zwar, doch drangen weder Projektil noch Glasteile ins Wageninnere.
Foto: DaimlerChrysler Konzernarchiv

das gesamte Fahrzeug – einschließlich kritischer Teile wie Türschloss, Außenspiegelbefestigung, Dachholme, Tür- und Fensterrahmen – zuverlässig gegen Geschosse des Kalibers .44 Magnum geschützt sein.

Wer es noch sicherer braucht, wird sich primär bei den *Werkspanzerern* umsehen. Bekannt sind vor allem die Hersteller Mercedes-Benz, Audi und BMW, weil deren ab Werk sondergeschützten Limousinen von deutschen Spitzenpolitikern und Topmanagern benutzt werden. Die Bayerischen Motoren Werke warben schon in den 70er-Jahren mit werksgepanzerten Pkw. Nach kurzer Lehrzeit beschritt BMW neue Wege und brachte die Panzerung unter Beibehaltung der äußeren Struktur des Fahrzeugs in dessen Hohlräume ein.

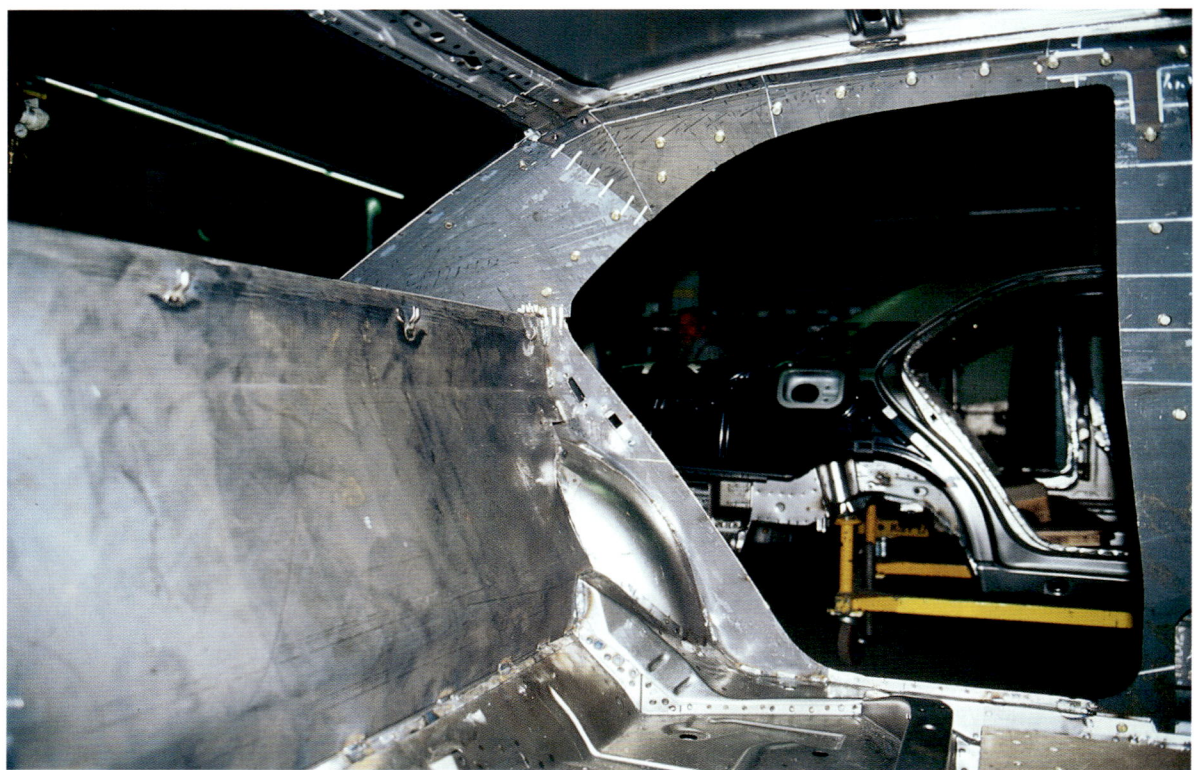

Schwachstellen lassen sich vermeiden, wenn Fahrzeuge von Grund auf in Richtung Beschusssicherheit konstruiert werden. Die Verarbeitung des Spezialstahls ist sehr aufwändig.
Foto: DaimlerChrysler Konzernarchiv

Dieses Konzept bewährte sich und wurde auch von Daimler-Benz und Audi übernommen. Nachdem der Fahrzeugbauer aus Ingolstadt seine Limousinen zunächst von einem Nachpanzerer in Norddeutschland betreuen ließ, werden sie nun seit Ende der 90er-Jahre ab Werk mit dem Sonderschutz versehen.

Die Zielsetzung ist bei allen drei Herstellern gleich: Sondergeschützte Fahrzeuge sollen maximalen Schutz mit höchstmöglicher Mobilität verbinden; gleichzeitig sollen Außenstehende die besonderen Eigenschaften nicht erkennen. Auch in diesem Punkt könnte man den Vergleich mit Siegfried aus dem Nibelungenlied ziehen.

Ein solcherart ausgestatteter Mercedes der S-Klasse bringt es mit einer von den Behörden vorgeschriebenen *Schutzklasse B6/B7*, dem so genannten *Höchstschutz*, der selbst Schnellfeuergewehren und Handgranaten trutzt, leicht auf ei-

nen Listenpreis von über 500.000 Mark. Die Gründe dafür, dass gepanzerte Staatskarossen direkt ab Werk gefertigt werden, liegen auf der Hand. Die gewaltige Panzerung, die Insassen sogar vor einer in zwei Meter Entfernung detonierenden 15-kg-Sprengladung schützt, lässt sich in Serienfahrzeuge nachträglich nicht einbauen. Die gesamte Fahrzeugkonstruktion muss von Anfang an dafür ausgelegt werden. Achsen und Bodengruppe und viele andere Bereiche weisen daher

Rechte Seite: Eine gepanzerte Limousine der S-Klasse unter Dauerbeschuss. Um die Richtlinien der höchsten Schutzklasse zu erfüllen, werden die Fahrzeuge unterschiedlichen Prüfungen unterzogen. So müssen sie Sprengstoffen und unterschiedlichen Kalibern standhalten. Die Wirkung jedes einzelnen Schusses wird genau dokumentiert.
Foto: DaimlerChrysler Konzernarchiv

Mercedes-Benz
V/B 220

Mercedes-Benz
123.
122.
54.
84.
52.
125.
124.
10.
7.
8
9.
34.
11.
12.
81.
33.

■ Neben vielen anderen Ausstattungsdetails verfügen sondergeschützte Fahrzeuge von Mercedes-Benz über eine Alarmanlage, die von jedem Sitz aus betätigt werden kann.
Foto: DaimlerChrysler Konzernarchiv

deutliche Veränderungen gegenüber einem Serienfahrzeug auf. Die Auswirkungen der Umbauten zeigen sich aber auch in anderen Bereichen. Um die schweren Seitenscheiben zu bewegen, wurden im sondergeschützten Mercedes dieselben hydraulischen Heber eingebaut, die beim sportlichen SLK-Roadster das Metalldach in den Kofferraum befördern. Manche Herstellern raten vom Einbau der Fensterheber ab. Sie warnen vor Attentätern, die diese Sicherheitslücke für einen Anschlag nutzen könnten. Es kann aus diesem Grund nicht verwundern, dass Fensterheber sondergeschützter Limousinen im Unterschied zu Serienmodellen über keinen Einklemmschutz verfügen. Andere Kritiker wenden ein, ohne Fensterheber gestalteten sich verschiedene Alltagssituationen problematisch. So erforderte bereits das Lösen eines Parkscheins bei der Einfahrt in ein

Parkhaus ein Öffnen der Tür bzw. Verlassen des sicheren Gefährts, womit eine weitaus größere Gefährdung verbunden sei. Um sich mit Außenstehenden zu unterhalten, müssen die Insassen die Scheibe freilich nicht herunterlassen. Alle sondergeschützten Limousinen verfügen zwischenzeitlich über eine Wechselsprechanlage. Auf Wunsch wird eine Alarmanlage eingebaut, die gleichzeitig eine Sirene in Gang setzt und die Warnblinkanlage und die Scheinwerfer aktiviert. Dieses »Gefahren-Alarm-System« befindet sich ebenso in der Aufpreisliste wie eine Feuerlöschanlage und ein Blaulicht. Bei sondergeschützten Fahrzeugen ersetzt ein spezieller Bajonettverschluss die übliche Magnethalterung für die blaue Lampe. Selbstverständlich erfüllt dieses Detail ebenso wie die auf Wunsch angebrachten Standarten-Halterungen an den beiden

sten, um sie bei niedrigen Temperaturen eisfrei zu halten. Die warme Luft im Fahrzeuginnenraum reicht einfach nicht aus, um die mehrere Zentner schwere Windschutzscheibe eisfrei zu halten. Wer den Schutz eines sondergeschützten Fahrzeugs in Anspruch nimmt, muss auch die ein oder andere Unbequemlichkeit in Kauf nehmen. Während viele Serienmodelle der Oberklasse über Türen verfügen, deren Hydraulik das Zuziehen und Öffnen unterstützt, ist bei den Staatskarossen Muskelkraft gefordert. Die Begründung ist einfach: Im Notfall möchten die Personenschützer bestimmen, wie schnell sich die Tür schließt. Der Kunde, der trotz dieses Einwandes eine hydraulische Schließung wünscht, kann sie selbstverständlich aus dem bei allen Herstellern üppigen Ausstattungskatalog ordern.

Über viele Jahre bildeten die Reifen die Achillesferse sondergeschützter Fahrzeuge. Bis vor geraumer Zeit stellte ein in sieben Luftkammern unterteilter Pneu das Nonplusultra dar. Wände aus durchschusshemmendem Material sorgten für eine solide Abschottung der einzelnen Kammern. Fiel eine Luftkammer aus, stellte dies kein Problem dar, sogar mit lediglich vier unversehrten Zellen ließ sich das Fahrzeug ohne große Einschränkung steuern und fortbewegen. Die aktuellen Muster bauen zwischenzeitlich auf neuere Systeme. Audi setzt beispielsweise auf Reifen der *Deutschen Hutchison GmbH* mit Notlaufsystem

■ Die 7er-BMW der vorletzten Baureihe wiesen spezielle Türblenden für die MP 5 auf. Nach Aufsetzen eines Adapters konnte so von innen nach außen geschossen werden. Eine technische Reaktion auf die Terroranschläge der 70er-Jahre.

vorderen Kotflügeln die Sicherheitskriterien. Auch im Kraftstofftank der Super-Limousine haben moderne Werkstoffe Einzug gehalten. Sollte sich ein Geschoss in den Tank verirren, dichtet eine hochflexible Außenhaut das entstandene Leck von selbst.

Mitunter schaffen neue Lösungswege auch neue Probleme. Die kugelsicheren Scheiben sind so dick, dass Heizdrähte installiert werden mus-

■ Ein Experte erkennt die »kugelsichere« Bereifung.

ASR, das sich aus einem in die Bereifung integrierten, zusammengesetzten Ring aus Kunststoff und Gummi zusammensetzt. Sollte der Reifen durchschossen werden, würde zwar die Luft entweichen, sich aber der Mantel fest um den Kern aus Spezialstahl legen und so eine Weiterfahrt mit reduzierter Geschwindigkeit erlauben. Die anderen Hersteller entschieden sich für vergleichbare Systeme. Die Kosten sanken zwar in den letzten Jahren, weil diese Reifen mittlerweile auch für Serienmodelle angeboten werden, sind aber

trotzdem noch saftig. Ein Reifensatz – der nach Angaben eines BKA-Mannes rund 10.000 Kilometer hält – schlägt mit rund 10.000 Mark zu Buche.

Die Fahrleistungen der im staatlichen Personenschutz eingesetzten Fahrzeuge sind beeindruckend: Sowohl der Achtzylinder mit Allrad-Antrieb *quattro*, der im Audi A 8 arbeitet, als auch die beiden 12-Zylinder, die die Hinterachse des BMW oder des Mercedes antreiben, bringen es auf Beschleunigungswerte, die im Bereich von

Sportwagen liegen. Das Zusatzgewicht der Panzerung, die das Gesamtgewicht der Fahrzeuge bis auf knapp unter drei Tonnen (Audi) und bei BMW und Mercedes auf fast vier Tonnen anwachsen lässt, stellt an Chauffeure besondere Anforderungen. Wer einen »Panzer« fährt, muss sein Fahrverhalten umstellen; denn alle erdenklichen technischen Hilfen können das stattliche Gewicht der Fahrzeuge nicht reduzieren. In Kurven, besonders bei Nässe und Glatteis, verhal-

■ **Spezialreifen mit Stahlkern.** *Foto: BMW*

Ohne »Notausstieg« könnte das Verlassen des Fahrzeugs nach einem Unfall problematisch werden. Die Hersteller setzen auf unterschiedliche Technik zur Lösung dieses Problems.

ten sich die Autos trotz aller eingebauten Elektronik, die je nach Hersteller ESP *(Elektronisches Stabilitäts Programm* bei Audi und Mercedes) oder DSC *(Dynamische Stabilitäts Kontrolle* bei BMW) heißt, streng nach den Regeln der Physik. Wer in staatlichem Auftrag eine solche Limousine steuert, muss daher einen »Panzer-Führerschein« vorweisen und regelmäßig Fahrsicherheitsübungen – unter anderem auf dem Nürburgring – absolvieren. Dennoch endete in der Vergangenheit manch schnelle Fahrt mit einem Unfall. Aus diesem Grund und wegen der Spezialbereifung wurde vor einigen Jahren die Höchstgeschwindigkeit der gepanzerten Limousinen durch Einbau einer elektronischen Drosselung verringert. Trotzdem schaffen es die schweren Fahrzeuge mit Leichtigkeit, die 200 km/h Grenze zu überschreiten.

Sollte es trotz guter Fahrerausbildung und Fahrzeugtechnik zu einem Unfall kommen, verfügen die Limousinen über unterschiedliche Sicherheitseinrichtungen. Ein Hersteller schwört auf Sprengstoff, um die Frontscheibe zu entfernen:

Ein in die Scheibenhalterung integrierte Sprengzündschnur sorgt dafür, dass die Scheibe von innen nach außen herausgedrückt wird. Ein anderer ließ spezielle Ausstiegshilfen in die Seitenscheiben oder Sprengladungen in die Türen integrieren. Für Aufsehen sorgte vor einigen Jahren ein Funktionsfehler an einer mit dieser Einrichtung ausgestatteten Limousine: Urplötzlich zündeten die Sprengladungen und mit großen Knall flogen beide Türen weg.

Trotz aller Bemühungen der Konstrukteure brachte und bringt das Reisen mit einem sondergeschützten Fahrzeug seine Probleme mit sich. So machten sich die Heizdrähte in den Scheiben störend bemerkbar, besonders in der Dunkelheit kam die im Vergleich mit einer normalen Windschutzscheibe veränderte Lichtbrechung hinzu. Hersteller von Spezialglas – etwa die Isoclima GmbH in München oder die britische Firma Romag – haben diese Probleme mittlerweile mit großem Aufwand in den Griff bekommen, aber Unterschiede zu normalem Glas bleiben dennoch bestehen.

■ Sondergeschützte Limousinen und *Bodyguards* sind für manche ein Statussymbol, für viele Politiker und Manager – gerade in Krisenregionen – aber eine unverzichtbare Notwendigkeit. *Foto: DaimlerChrysler Konzernarchiv*

Wenn man Branchenkennern Glauben schenken darf, tobt auf dem Markt der sondergeschützten Fahrzeuge ein harter Wettbewerb. Bei der Frage, welcher Politiker fährt welches Auto, hört für manchen Automobilmanager der Spaß auf. Sogar Konzernchefs ergreifen mitunter die Initiative, um hochrangige Politiker von den Vorzügen ihres Produkts zu überzeugen, weil sie sich von einem Markenwechsel einen besonderen Werbeeffekt versprechen. Dass vor diesem Hintergrund die normalen Rabattgrenzen, die jeder Käufer eines Neuwagens kennt, weit überschritten werden, kann nicht verwundern. Aber, bloß kein Neid; denn die äußerst günstigen Neuwagenpreise der sondergeschützten Fahrzeuge schonen die Staatskasse und entlasten somit den Steuerzahler.

Waffen für Personenschützer

Je nachdem mit wem man spricht, erhält man völlig unterschiedliche Antworten auf die Frage, was eine im Personenschutz eingesetzte Schusswaffe leisten soll: Möglichst klein, handlich, leicht und bedienungssicher soll sie sein, über eine hohe Feuerkraft verfügen, abschreckend wirken und eine leistungsstarke Munition verschießen. Man muss kein Waffensachverständiger sein, um zu erkennen, dass sich diese Forderungen nicht alle in einer Waffe vereinen lassen. Betrachtet man den Personenschutz weltweit, stellt man fest, dass nahezu die gesamte aktuelle Kurzwaffenpalette Verwendung findet: handliche Taschen- oder gewichtige Magnum-Revolver, acht- oder 17-schüssige Pistolen in den verschiedensten Kalibern, Kleinst-Maschinenpistolen, ja selbst Schnellfeuergewehre und halbautomatische Schrotflinten. Im behördlichen wie privaten Personenschutz hier zu Lande verringert sich dieses Arsenal zwar deutlich; rückblickend kommt aber doch eine erstaunliche Modellpalette zusammen. Schätzungsweise rund 100 verschiedene Handfeuerwaffen kamen seit Gründung der Bundesrepublik 1949 allein im polizeilichen Personenschutz auf Landes- und Bundesebene zum Einsatz, nicht mitgezählt die vielen Modellvarianten. Selbst wenn diese Modelle nur stichwortartig vorgestellt würden, sprengte dies den Rahmen dieses Buches bei weitem. Außerdem bestünde möglicherweise die Gefahr, dass die Bedeutung von Schusswaffen im Personenschutz stark überbetont würde. Der Schusswaffen-Einsatz bildet in diesem Bereich aber die große Ausnahme. Dies spiegelt sich auch in der verhältnismäßig engen Zeitspanne wider, die für die Ausbildung an Feuerwaffen zur Verfügung steht. Zudem stellte sich der Schreiber dieser Zeilen natürlich die Frage, welchen Nutzen der Leser von einem »Katalog der Personenschutzwaffen« hätte. Daher stellt dieses Kapitel nur einige wenige repräsentative Waffen mit ihren jeweiligen Stärken und Schwächen vor.

Wenn man die Leistungsfähigkeit, Grenzen und Möglichkeiten der Waffen von Personenschützern beurteilen will, dann muss man die Rahmenbedingungen kennen, unter denen die Leibwächter arbeiten. »Die Arbeit ist hart genug, da sollte wenigstens die Waffe leicht sein«, mit dieser Feststellung trifft ein ehemaliger Angehöriger der GSG 9, der häufig auch im Personenschutz eingesetzt wurde, den Nagel auf den Kopf. Für denjenigen, der praktisch ständig eine Waffe führen muss, ist es wichtig, dass sich diese möglichst bequem tragen lässt. Eine schwere Waffe in einem schlecht sitzenden Holster wird rasch zur Qual, besonders dann, wenn der Träger oft lange Stunden sitzend – etwa im Fahrzeug – zubringen muss. Bereits nach kurzer Zeit ergeben sich Druckstellen. Sofern keine taktischen Gründe dagegen sprechen, steht der Tragekomfort ganz oben auf der Liste der wichtigen Kriterien für eine Personenschützer-Waffe.

Ausnahmen bestätigen auch hier die Regel. In Krisenregionen, in denen jederzeit mit Anschlä-

Nicht nur der Liebling von James Bond, sondern tatsächlich ein Klassiker im Personenschutz: Über viele Jahrzehnte gehörte die Walther PPK im Kaliber 7,65 mm Browning zur Standardbewaffnung von Personenschützern im In- und Ausland.

gen auf die Schutzperson zu rechnen ist, führen *Bodyguards* bevorzugt Waffen mit hoher Feuerkapazität, also z.B. Maschinenpistolen und Schnellfeuergewehre. Dies trifft besonders für einige Staaten des Nahen Ostens und Südamerikas zu.

In der Art der Bewaffnung spiegelt sich der Bedrohungswandel wider. Die Geschichte des Personenschutzes in der Bundesrepublik liefert eindrucksvolle Belege für diese These.

Über viele Jahre erfreuten sich Walther-Pistolen großer Beliebtheit. 1929 brachte die Firma, damals im thüringischen Zella-Mehlis ansässig, die PP *(Polizei-Pistole)* und PPK *(Polizei-Pistole Kurz bzw. Kriminal)* auf den Markt. Die Waffen steckten voller Neuerungen, von denen die wichtigste der Spannabzug war, durch den ein wesentlicher

Vorteil des Revolvers in eine Pistole integriert werden konnte. Durch ihre Sicherungseinrichtungen war es möglich, die Waffe gefahrlos durchgeladen, also mit einer Patrone im Patronenlager, zu tragen. Die schnelle Schussbereitschaft, die damals als leistungsfähig eingestufte Munition im Kaliber 7,65 Browning und die konstruktionsbedingte gute Präzision der Waffe, führten dazu, dass sie seit 1933 bei der deutschen Polizei eingeführt wurde. Die damaligen Personenschützer führten zeitweise das etwas leichtere und handlichere Modell PPK, das unauffällig unter einem Jackett Platz fand.

Der Neubeginn nach 1945 brachte Schwierigkeiten. Hiervon war auch die deutsche Polizei betroffen. In einer Direktive der Alliierten Kontrollkommission vom 6. November 1945 hieß es unter

Mitte der 70er-Jahre, als der linksradikale Terror einen ersten Höhepunkt erreichte, erhielten viele deutsche Personenschützer neue Waffen. Großer Beliebtheit erfreute sich das Modell 225 von SIG Sauer. Das Magazin fasst acht 9 mm-Para-Patronen.

Punkt 1 b): »Um die Überwachung von Feuerwaffen und Munition in deutschem Besitze zu erleichtern und jede Rechtfertigung für die weitere Herstellung von Feuerwaffen und Munition in Deutschland auszuschalten, wird die Wiederbewaffnung der deutschen Polizei durch die Zuteilung von außerhalb Deutschlands hergestellten Feuerwaffen erfolgen.«

Bis in die 50er-Jahre – und damit auch noch nach Gründung der Bundesrepublik – hatte diese ursprünglich von der britischen Militärregierung erlassene Vorschrift Gültigkeit. Der 1951 aufgestellte Bundesgrenzschutz erhielt daher in den ersten Jahren unter anderem Pistolen spanischer und schweizerischer Bauart. Die ersten Waffen der Sicherungsgruppe stammten aus der Fabrique Nationale in Herstal bei Lüttich. Wie die Polizei in Nordrhein-Westfalen oder in den Westbezirken Berlins erhielten sie FN-Pistolen des Typs 1910. Dabei handelte es sich um siebenschüssige Pistolen im Kaliber 7,65 Browning, die als Besonderheit – bei Browning-Pistolen allerdings weit verbreitet – über eine Handballensicherung verfügten. Die Bereitschaftstaschen für die belgischen Pistolen spendierte die Bahnpolizei.

Nachdem das Verbot der Verwendung deutscher Waffen aufgehoben worden war, steckten bis weit in die 60er-Jahre hinein neben der Walther PP und PPK (7,65 mm) auch die Westentaschenpistole TPH *(Taschenpistole mit Hahn)* in 6,35 Browning (bzw. später im leistungsfähigeren Kaliber .22 lfB) in den Holstern und Taschen der Sicherungsgruppe.

Mit dem Aufkommen des Terrorismus fand in den Reihen der Polizei und der Sicherungsgruppe des BKA ein Wandel statt. Anstelle der leichten, handlichen Walther-Pistolen traten seit Mitte der 70er-Jahre deutlich schwerere Waffen, eingerichtet für die wesentlich leistungsstärkere Patrone 9 mm x 19 Parabellum. Die Sicherungsgruppe des BKA entschied sich wie der Bundesgrenzschutz für Pistolen von SIG Sauer. Zunächst wurde das Modell P 220 beschafft, das wenige Jahre später durch die P 225 ersetzt wurde.

Bereits mit der Aufstellung der GSG 9 und besonders nach ihrem Erfolg in Mogadischu 1977 entwickelte sich die BGS-Sondertruppe aus Sankt Augustin zum Wegbereiter in Sachen Bewaffnung und Ausstattung innerhalb der polizeilichen Sicherheitsorgane. Auch die Sicherungsgruppe des Bundeskriminalamtes bildete hier vom Grundsatz her keine Ausnahme, wenngleich sie nicht alles übernahm, was sich die GSG 9 so anschaffte.

■ Für das verdeckte Tragen ist die Westentaschenpistole Walther TPH ideal. Erhältlich im Kaliber .22 lfB oder 6,35 Browning bringt der Zwerg – Fachleute wissen das – mit der *richtigen Munition* auf kurze Distanz genügend Energie, um einen Angreifer auszuschalten. Heute wird sie vorwiegend als Zweitwaffe *(»Back up«)* geführt.

■ Deutsche Personenschützer führten und führen Waffen in diesen Kalibern (v.l.n.r.):
6,35 Browning (6,35 mm x 15),
7,65 Browning (7,65 mm x 17),
9 mm Para (9 mm x 19).

Die Beamten der GSG 9 führten bis Ende der 90er-Jahre die **P 7** bzw. die **P 7 M13** von Heckler & Koch. Unter Fachleuten besteht Einigkeit darüber, dass diese Waffe in den Händen eines Menschen, der regelmäßig mit ihr trainiert, mit zum Besten gehört, was die Waffenindustrie zu bieten hat, und dies gilt nicht nur für polizeiliche Spezialeinheiten. Das hervorstechendste Merkmal der **P 7** stellt ihre *Griffspanntechnik* dar. Dieses Prinzip fand bereits in den 20er Jahren bei der Ortgies-Pistole Verwendung. Die Konstrukteure von Heckler & Koch begannen in den 60er-Jahren an einer Griffspanner-Waffe zu arbeiten. Aus Versuchen ging das Modell **HK 4** hervor, das sich durch seine schnelle Feuerbereit-

schaft und dennoch ein Höchstmaß an Sicherheit auszeichnete. Aber erst mit dem Nachfolgemodell kam der erhoffte Erfolg. Bei der **P 7** setzte Heckler & Koch den Griffspanner vom Griffrücken zur Vorderseite. Somit wurde die unmittelbare Schussbereitschaft der fertiggeladenen Waffe dann erreicht, wenn der Schütze mit den drei unteren Fingern der Schusshand und einem Kraftaufwand von rund fünf Kilopond die Griffleiste eindrückte. Danach reicht ein Druck von rund anderthalb Kilogramm auf den Abzug, um den Schuss brechen zu lassen. Nachteil: Schützen mit kleinen Händen bekommen bei der P 7 *M 13* Griff-Probleme. Dies hat auch mit dem Anstellwinkel des Magazins zu

■ Nicht nur Kevin Costner setzt im Film »Bodyguard« auf die P 7 von Heckler & Koch. Viele Ausstattungsmerkmale sprechen für diese Waffe im Personenschutz: Geringe Abmessungen, Griffspanner, Griffwinkel, niedrige Visierlinie und ein systembedingt verringerter Rückstoß (gasgebremster Masseverschluss).

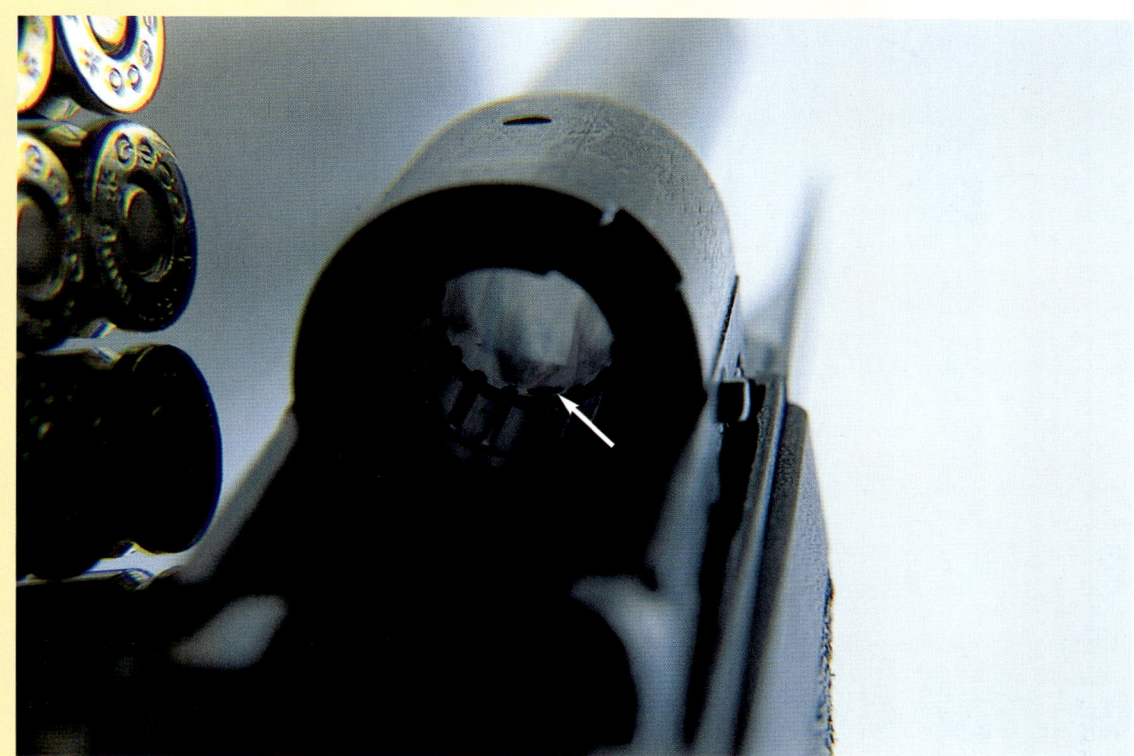

■ Der Polygonlauf der P 7 besitzt eine Bohrung. Durch diese Öffnung kann ein Teil der bei der Verbrennung des Pulvers entstehenden Gase in einen Kolben (siehe Bild unten) im Verschluss entweichen. Dadurch wird der Rücklauf des Verschlusses gebremst und der Hochschlag der Waffe verringert.

tun, der ein kleineres Griffstück nicht zulässt (siehe unten).

Die im Vergleich zu anderen Pistolen mit vergleichbarer Lauflänge und Magazinkapazität *sehr kompakte 9-Para-Waffe* verfügt noch über weitere Merkmale, die sie für Spezialeinheiten besonders attraktiv macht. Für ein angenehmes Schussverhalten sorgt der *gasgebremste Masseverschluss:* Direkt vor dem Patronenlager ist der *Polygonlauf* angebohrt. Durch diese Öffnung entweicht ein Teil der Pulvergase in einen unter dem Lauf liegenden Zylinder. Dort drücken sie gegen einen hineinragenden Kolben, der mit der Nase des Verschlussstücks eine Einheit bildet. Erst wenn genügend Druck aufgebaut ist, bewegt sich der Verschluss und die Gase aus dem Zylinder strömen in das Patronenlager. Zusammen mit der Kraft der gespannten Schließfeder sorgen sie sodann für den Rücklauf des Schlittens. Diese Konstruktion bewirkt, dass *die Mündung beim Schuss kaum springt,* was das Schießen von schnellen Doppelschüssen (so genannten Doubletten) wesentlich erleichtert. Im Unterschied zu vielen Pistolen, die nach dem klassischen Browning-Prinzip verriegeln, verleiht der Masseverschluss der P 7 eine hohe Präzision; denn der Lauf verändert seine Lage während des Schussvorgangs nicht. Dem schnellen und dennoch präzisen Schießen kommen auch der *110-Grad-Griffwinkel* und die Lage von Kimme und Korn entgegen, die eine *flache Visierlinie* zur Folge hat. Dies charakterisierte ein SEK-Beamter aus München: »Es ist so, als käme der Schuss aus dem ausgestreckten Zeigefinger«. Nichts steht an der P 7 hervor, sodass sich beim Ziehen aus dem Holster auch nichts verhaken kann. Erwähnenswert ist ferner der *ideal-steile Winkel des Magazins zum Lauf* von fast 90 Grad, was zusammen mit einer *starken Magazinfeder* Zufuhrstörungen so gut wie ausschließt. Bei der P 7 **M 13** wurde aus diesem Grunde gar auf zwei Patronen verzichtet: Das doppelreihige Magazin mit einer Kapazität von 13 Patronen verjüngt sich oben, sodass die ersten beiden Patronen übereinander und nicht seitlich versetzt nebeneinander liegen. Außer einer ungestörten Zufuhr sorgt diese Kanalisierung auch für eine Schonung der empfindlichen Magazinlippen. Letztere halten bei doppelreihigen Magazinen dem Feder-/Patronendruck ständig gefüllter »Tanks« oft nicht aus und weiten sich, was früher oder später zu Funktionsstörungen der Waffe führt. Und dies kann sich kein Personenschützer erlauben.

Auch bei den Revolvern folgte die Sicherungsgruppe dem Beispiel der GSG 9. Seit den 70er-Jahren verwendeten die Personenschützer Smith & Wesson-Modelle. Mit diesen – etwa dem Modell 10 oder dem Modell 38 *Special Airweight* in .38 Special* konnten sie bei der Wahrnehmung ihrer Aufgaben ohne Komplikationen in Länder wie etwa Spanien einreisen, die fremden Sicherheitskräften erstaunlicherweise das Führen von Selbstladepistolen untersagen. Nach den Mogadischu-Erfahrungen mit der schwachen .38er-Munition schafften die GSG 9 und in Folge auch die Sicherungsgruppe das S & W Modell 19 im wesentlichen leistungsstärkeren Kaliber .357 Magnum an.

Den augenfälligsten Wandel in der Bewaffnung der Personenschützer brachte der Terror der RAF. Obwohl Kritiker stets die Verwendung von Maschinenpistolen im Polizeidienst kritisierten und argumentierten, dies sei keine polizeitypische Waffe, bilden diese Waffen seit ihrer Erfindung einen festen Bestandteil in den Waffenschränken der deutschen Polizei. So verwendete zum Beispiel die preußische Polizei in den 20er-Jahren

---

* Die Firma Smith & Wesson stellte eine ganze Reihe kompakter Fünfschüsser in verschiedenen Kalibern, brünierten sowie rostträgen Ausführungen her. Wer sich einen Überblick über die »Stupsnasen« verschaffen möchte greife zum umfassenden Werk von *Rainer Emde: Pistolen und Revolver in Stainless.* Motorbuch Verlag, Stuttgart 1999. Seite 191–213.

Der Name ist Programm: Das Modell 38 des US-Herstellers Smith & Wesson mit Leichtmetallrahmen trägt den Beinamen *»Bodyguard Airweight«.* Fünf Patronen des Kalibers .38 nimmt die Trommel des Zweizöllers auf, der bei einer Gesamtlänge von 16 Zentimetern weniger als 400 Gramm auf die Waage bringt. Die Personenschützer des BKA führen diese Waffe noch bei Reisen in Länder, in denen Selbstladepistolen für ausländische Sicherheitskräfte nicht gestattet sind.

die für das Militär verbotene (Versailler Vertrag!) MPi 18 I, die in der Waffenfabrik von Theodor Bergmann in Suhl gefertigt wurde. Später kam das Modell 28 II des gleichen Herstellers dazu. Die Ausstattung mit Maschinenpistolen hatte natürlich ihre Gründe, die vor allem in den bewaffneten Unruhen nach Zusammenbruch des Kaiserreiches zu suchen sind. Während des Krieges wurden Polizeiverbände im Fronteinsatz ebenfalls mit Maschinenpistolen ausgestattet, wobei neben sämtlichen deutschen Mustern auch zahlreiche Beutemodelle verwendet wurden.

In den 50er-Jahren beschaffte sich der BGS – auf Grund der bereits erwähnten Besatzer-Bestimmungen – in geringen Stückzahlen die spa-

nische MPi DUX M 53; während die Länderpolizeien sich italienische Maschinenpistolen Beretta M 38/A/49 in die Waffenkammern stellten. Seit 1963 führten bayerische und Berliner Ordnungshüter Walther-Maschinenpistolen ein. Zunächst das Modell MPL *(Maschinenpistole, Lang),* kurze Zeit später auch die kürzere Ausführung MPK *(Maschinenpistole, Kurz).*

Mitte der 60er-Jahre entwickelten Heckler & Koch in Oberndorf am Neckar jene Maschinenpistole, die sich zum Statussymbol polizeilicher und militärischer Spezialeinheiten schlechthin entwickeln sollte: Die Maschinenpistole MP 5. Da der BGS diese Waffe Ende der 60er-Jahre eingeführt hatte, gehörte die zunächst mit einem gera-

■ Auf Grund der gegenwärtigen Bedrohungsanalyse spielt der Einsatz der Maschinenpistole (MP 5 A3) nur noch eine Nebenrolle.

den Stangenmagazin versehene MPi zur Grundausstattung der GSG 9. Im Laufe der Jahre erweiterte der Hersteller das Fertigungsprogramm. Kurvenmagazine für 15 oder 30 Schuss ersetzten den geraden Patronenspeicher und eine einschiebbare Schulterstütze (MP 5 A3) machte die Waffe deutlich führiger. Als Mitte der 70er-Jahre der Personenschutz eine unauffälligere, kompaktere Waffe forderte, setzten die Schwaben diesen Wunsch konsequent um. In enger Zusammenarbeit mit der GSG 9 entstand die MP 5 KA 1. Aus Gründen der Tarnung fand diese Waffe auch in einem Aktenkoffer Platz, wobei sie sich über den

Tragegriff abfeuern ließ. Allerdings ließ sich mit diesem schießenden Aktenkoffer à la James Bond keine befriedigende Präzision erreichen. Aber einen – damals als wichtig erachteten – taktischen Vorteil brachte diese Variante. Ohne Aufsehen zu verursachen, konnten die Beamten stets eine Waffe mit hoher Feuerkraft bei sich führen.

Die hohe Feuerkraft blieb auch nach dem Abebben der terroristischen Bedrohung ein wichtiges Kriterium bei der Beschaffung neuer Waffen für die Personenschützer. Einige spektakuläre Kriminalfälle in den USA ließen auch in Deutschland den Ruf nach höherer Magazinkapazität für

Polizeipistolen laut werden. Wenn man sich die Zeit genommen hätte, diese Fälle eingehender zu analysieren, wäre man sicherlich auf die Idee gekommen, dass die wirkliche Lösung des Problems nicht in der Erhöhung der Magazinkapazität gelegen hätte, sondern in einer Verbesserung der Schießausbildung der Polizisten. Einige Meinungsbildner argumentierten jedoch so lautstark für die größeren Patronenspeicher, dass sich innerhalb weniger Jahre Waffen mit doppelreihigen Magazinen auch bei deutschen Länderpolizeien, insbesondere deren Spezialeinheiten, durchsetzen konnten. Die GSG 9 beschaffte sich Mitte der 90er-Jahre die österreichische Glock 17,

mit – wie der Name andeutet – einem Magazin für 17 Patronen. Verschiedene SEKs steckten sich die P 226 (15 Schuss) oder die etwas kompaktere 228 (13 Schuss) von SIG Sauer in die Holster. Für diese Waffen entschied sich auch die Sicherungsgruppe, die zusätzlich das Schwestermodell 229 orderte. Die Qualität dieser Waffen steht mittlerweile außer Zweifel, lediglich in der Vorserie gab es mit einem Modell Probleme, die aber rasch beseitigt werden konnten. Und über den taktischen Nutzen der höheren Schusskapazität wird öffentlich auch nicht mehr gesprochen. Nur unter Schießausbildern wird hier und da noch Kritik geäußert. Neben der Gewichtszunahme und den

Mitte der 70er-Jahren, in der Hochzeit des Terrorismus, setzte Heckler & Koch die vom damaligen Bundeskanzler Schmidt gestellte Forderung nach einer unauffällig mitzuführenden, leistungsstarken Waffe um: In enger Zusammenarbeit mit der GSG 9 schufen die Oberndorfer den »schießenden Aktenkoffer«. In den Koffer passt auch die MP 5 KA4 mit Wahlmöglichkeit zwischen Einzelschuss, Drei-Schuss-Salven oder Dauerfeuer. Bei geschlossenem Koffer lässt sich die Waffe über einen Abzug im Tragegriff abfeuern. *Foto: Heckler & Koch.*

■ In den späten 80er-Jahren führte das BKA das Modell 228 von SIG Sauer ein. Es ist relativ kompakt (Länge: 180 mm) und leicht (740 Gramm), verfügt aber über eine hohe Feuerkraft (Magazinkapazität: 13 Patronen 9 mm x 19 Parabellum).

größeren Abmessungen der neuen Waffen, besonders der angeschwollenen Dicke durch die doppelreihigen Magazine, wird hier und da noch gewarnt, die neuen Pistolen würden zum »Ballern« verführen. Der Einsatz eines norddeutschen SEK im Jahr 2000 könnte als Beleg für diese These herangezogen werden, aber großen Widerhall fanden die Stimmen der wenigen Kritiker bisher nicht. Worin der Nutzen der großen Patronenkapazität im unmittelbaren Personenschutz liegen soll, ist mehr als fraglich. Wenn Personenschützer ihre Waffe einsetzen müssen, so geschieht dies bei nahezu allen Szenarien inmitten einer großen Menschenmenge auf sehr nahe Distanz. Über Erfolg oder Misserfolg entscheiden vor diesem Hintergrund

wohl zunächst die Qualität der Schießausbildung und an zweiter Stelle die Leistungsfähigkeit der verwendeten Munition.

Über viele Jahre hinweg tobte zwischen Politikern, Polizisten, Waffensachverständigen und Journalisten ein bisweilen erbitterter Streit um die Munitionsfrage. Auch in dieser Frage zeigten sich die negativen Auswirkungen der Mediengesellschaft, die zunehmend an die Stelle der sachlichen Diskussion Polemik und Effekthascherei treten lässt. Beim Thema Waffen tritt diese Entwicklung besonders deutlich hervor. Als sich Experten öffentlich für die Verwendung so genannter *Deformationsgeschosse* einsetzten, gerieten sie sofort in die Schusslinie der Medien. Die Kritik gipfelte in dem Vorwurf, die Polizei wolle so genannte *Dum-Dum-Geschosse* verwenden. Diese Argumente waren zwar aus der Luft gegriffen, sie verfehlten bei den für die Bewaffnung der Polizei verantwortlichen Stellen aber nicht ihre Wirkung.*

Die Einführung der leistungsfähigeren Munition – die allen Unkenrufen zum Trotz im Regelfall geringere Verletzungen verursacht als die bisher üblichen Vollmantel-Projektile – wurde blockiert.

---

* Tatsächlich können unter dem etwas nebulösen Begriff *Deformationsgeschoss* sehr verschiedene Arten von Projektilen bzw. Geschosse mit sehr unterschiedlicher Wirkung verstanden werden, was eine absichtliche oder unabsichtliche Fehlinterpretation erleichtert. So gibt es z.B. eine ganze Reihe jagdlicher Deformationsgeschosse, die für den polizeilichen Einsatz völlig ungeeignet und für den militärischen international verboten sind. Der Begriff *Deformationsgeschoss* wird allerdings auch in der einschlägigen Literatur ziemlich willkürlich verwendet. Vielerorts wird zwischen *Deformations-* und *Zerlegegeschossen* unterschieden; wobei das *Deformationsgeschoss* nach Durchdringen eines Körpers wenig von seiner Masse verliert, während das *Zerlegegeschoss* sich ganz oder in Teilen zerlegt, also viel Masse auf der Strecke bleibt. Ballistiker verwenden den Oberbegriff *Masse- und formveränderliche Geschosse* und unterscheiden zwischen *Form- und masseveränderlichen* sowie *Masse- und formstabilen Geschossen*.
Munitionsspezialist Dr. Manfred Rosenberger definiert *Deformationsgeschosse* als *Projektile, die während des Zieldurchgangs durch Einwirken der Reaktionskräfte ihren Querschnitt vergrößern. Dies geschieht – je nach Konstruktion und/oder Zielwiderstand ohne oder mit mehr oder weniger großem Masseverlust*. Siehe Rosenberger: *Jagdgeschosse. Aufbau – Zielverhalten – Verwendung*. Motorbuch Verlag, Stuttgart 2000. Seite 214.

■ Unter amerikanischen Gesetzeshütern erfreut sich die in Österreich gefertigte Glock 17 großer Beliebtheit; die mit einer hohen Feuerkraft (Magazinkapazität: 17 Patronen), einer unkomplizierten Bedienung und einem verhältnismäßig günstigen Anschaffungspreis lockt. Auch unter Personenschützern sind Waffen mit großem Patronenspeicher *en vogue*. Es gibt durchaus Szenarien, in denen hohe Feuerkraft das wichtigste Kriterium darstellt, zum Beispiel wenn es gilt, Angreifer mit Feuer niederzuhalten. Solche Denkmuster entwickelten die Sicherheitsbehörden aus den RAF-Anschlägen des Jahres 1977, als die Terroristen Personenschützer töteten, um die Schutzperson in ihre Gewalt zu bekommen.

In der Gegenwart vertrauen die Personenschützer des BKA nach wie vor auf das Kaliber 9 mm Para, obwohl die 229 von SIG Sauer auch in den noch leistungsstärkeren Kalibern .357 SIG und .40 S & W angeboten wird.

1999 vollzog als erste die rheinland-pfälzische Polizei den Wechsel: Innenminister Zuber beschloss die Beschaffung von Deformationsgeschossen. Ein Jahr später zog Bayern und im Mai 2001 Hessen nach. Unter Experten besteht Einigkeit darüber, dass diese Projektile, die von verschiedenen in- und ausländischen Herstellern angeboten werden, gegenüber den üblichen Vollmantel-Rundkopfgeschossen eine Vielzahl von Vorteilen bieten, die mit den Begriffen höhere Aufhaltewirkung, verringerter Rückschlag, ge-

ringere Querschlägerneigung und kleinerer Gefährdungsbereich für Unbeteiligte umschrieben werden können. Auf Grund dieser Eigenschaften schafften die Spezialeinheiten der Polizei diese Munition bereits in den 80er- bzw. 90er-Jahren an. Die meisten Personenschutzabteilungen des Bundes und der Länder verwenden die so genannten *Action*-Geschosse von Dynamit Nobel/Troisdorf oder die *Quick Defence*-Projektile von MEN (Metallwerk Elisenhütte GmbH, Nassau/Lahn).

Legenden und Vorurteile

Aus vielerlei Gründen kann dieses Buch keine Darstellung des Personenschutzes in aller Welt bieten. Dies würde nicht nur den Umfang sprengen, sondern müsste zwangsläufig immer oberflächlich bleiben, denn viele Staaten halten sich mit Informationen über ihre Personen-

schützer sehr zurück. Die Gründe für die spärliche Öffentlichkeitsarbeit sind vielschichtig. Diktaturen schweigen grundsätzlich, wenn es darum geht, ihre Bürger über interne Sicherheitsfragen aufzuklären. Andere Staaten argumentieren, die Öffentlichkeit dürfe über die zum Schutz der

■ Ein Personenschützer gibt der Schutzperson Deckung und bringt sie im sondergeschützten Fahrzeug in Sicherheit. Seine beiden Kollegen versuchen mittlerweile, den mit einer Pistole bewaffneten Angreifer zu neutralisieren.

Politiker getroffenen Maßnahmen nicht informiert werden, weil dadurch potenziellen Attentätern Hinweise an die Hand gegeben werden könnten. In wieder anderen Staaten ist es traditionell so, dass derartige Informationen grundsätzlich nicht preisgegeben werden. Zudem ist es in vielen Ländern üblich, die Berichterstattung über die Personenschützer nicht zu kommentieren; völlig haltlose und falsche Behauptungen werden aus diesem Grund auch nicht dementiert. Diese Zurückhaltung bietet einen idealen Nährboden, um Legenden auszubilden und alle möglichen Vorurteile zu nähren.

Personenschutz ist Männersache

Diese von manchen Beobachtern gebetsmühlenartig wiederholte Behauptung ist falsch. Sowohl bei der deutschen Sicherungsgruppe, im französischen als auch im britischen Personenschutz, der von der Abteilung »A« des Scotland Yard betrieben wird, versehen Frauen ihren Dienst. Und auch in den Reihen des amerikanischen *Secret Service* finden sich weibliche *Bodyguards*.

Libyens Staatspräsident Gadhafi umgibt sich mit einer weiblichen Leibwache, mit dem schönen Namen »*Töchter der Revolution*«. Vielen westlichen Beobachtern kam beim Anblick dieser Damen nichts Anderes in den Sinn, als sie einerseits als Teil des herrschaftlichen Harems anzusehen und ihnen andererseits ihre Qualifikation als Personenschützer abzusprechen. Glaubt man anderen Berichterstattern, dann treffen beide Mutmaßungen nicht die Wirklichkeit.

Gadhafis Entscheidung für Amazonen wird sogar durch wissenschaftliche Untersuchungen gestützt. Verschiedene Forscher entdeckten in der weiblichen Psyche Elemente, die sie geradezu für den Personenschutz prädestinieren. Deutlich stärker als der Mann sei die Frau darauf angewiesen, sich nicht auf ihre eigene Körperkraft bei der Abwehr einer Gefahr zu verlassen, sondern insbesondere beim Schutz ihrer Kinder mögliche Gefahren durch Prävention zu verringern oder gänzlich zu meiden. Einige Psychologen gehen sogar so weit, Frauen einen Instinkt für Gefahren zu unterstellen, der beim Durchschnitts-Mann weitaus weniger ausgeprägt sei und bei körperlich besonders starken Männern nahezu völlig fehle. Zweifelsfrei gilt in gewissen Kreisen jedoch nur der als Leibwächter, der eine imposante Gestalt und Muskeln aufweisen kann. Ob diese Schwergewichte, die man des Öfteren im Fernsehen im Dunstkreis so genannter *Stars* wahrnehmen kann, im Fall der Fälle auch das leisten könnten, wofür sie bezahlt werden, sei dahingestellt.

Nicht nur bei Stars und besonders bei Sternchen zählt Masse häufig noch mehr als Klasse. Aus den Bonner Zeiten können die staatlichen Personenschützer über arabische und asiatische Staatsbesucher berichten, die darauf bestanden, dass die zu ihrem Schutz abgestellten Beamten eine Mindestgröße von 190 Zentimetern aufwiesen.

Wer sind die besten Personenschützer?

Aus europäischer und besonders aus gutgläubiger deutscher Sicht ist in den USA nahezu alles größer, schöner und besser. Dies gilt nicht nur für die Wirtschaft, sondern in besonderem Maße auch für alle Institutionen, die mit Macht und Stärke in Verbindung gebracht werden können. Glaubt man diversen »Experten«, dann stellen die Amerikaner die besten Soldaten und Polizisten der Welt und gleiches gilt dann – natürlich – auch für den Personenschutz. Internationale Vergleichswettkämpfe zwischen Spezialeinheiten der Polizei und des Militärs, bei denen die Öffentlichkeit fast immer ausgeschlossen bleibt, zeichnen ein anderes Bild. Gar nicht so selten stellen Einheiten aus der Schweiz, Belgien, Österreich oder den Niederlanden die Sieger.

Während sich Wettkämpfe für Kommandoeinheiten auf Grund klar vorgegebener taktischer Aufträge und Ziele einigermaßen wirklichkeitsnah gestalten lassen, entziehen sich Szenarien für Personenschützer fast jedem Wettkampfaufbau. Manche Kenner behaupten sogar, die Abwehr eines Attentats könne nicht einmal trainiert werden. Es reicht eben nicht aus, dass Leibwächter hervorragende Nahkämpfer oder Pistolenschützen sind, und die bestmögliche Sicherheitstechnik stellt noch keine Überlebensgarantie für die Schutzperson dar.

Die Amerikaner setzen seit Jahrzehnten besondere Mittel zur Attentats-Vorbeugung ein. Dazu gehören auch spezielle Verfahren, mit denen aus einer Vielzahl von Informationen mögliche Attentäter herausgefiltert werden sollen, woraus dann ein Täterprofil erstellt werden kann. Zu Beginn der 70er-Jahre war zum Beispiel – um nur ein Kriterium zu nennen – der so ermittelte potenzielle Attentäter ein weißer Mann im Alter zwischen 20 und 50 Jahren. Kritiker dieser Vorgehensweise argumentieren, dadurch werde der Blick der Personenschützer auf einen bestimmten Tätertyp verengt und die Aufmerksamkeit der *Bodyguards* nur auf Personen gerichtet, die diesem Erscheinungsbild entsprechen.

Ähnliche Vorwürfe richteten sich nach der Ermordung des israelischen Ministerpräsidenten Jitzak Rabin am 4. November 1995 gegen die israelische Personenschutzabteilung des *Shabak* (Inlandsgeheimdienst). Interne und externe Beobachter prangerten an, die Sicherheitsexperten hätten nur einen arabischen Attentäter auf der Rechnung gehabt und daher Warnungen vor dem späteren Mörder Rabins, einem jüdischen Studenten, in den Wind geschlagen.

Der große Bluff

Je größere finanzielle und materielle Ressourcen zur Verfügung gestellt werden, desto besser sind die Möglichkeiten, Personenschutz zu betreiben. Wenn ein Haufen Fachleute in Planungsstäben zusammensitzt und Gedankenaustausch über Grenzen und Möglichkeiten des Personenschutzes betreibt, liegen kurze Zeit später auch viele – manchmal sogar neue – Konzepte für das *Bodyguarding* auf dem Tisch. Ein relativ altes Konzept, das bereits der oberste preußische Personenschützer für Otto von Bismarck anwandte, ist das Arbeiten mit Doppelgängern. Nicht nur in Romanen und Spielfilmen spielen *Doubles* des sowjetrussischen Diktators Stalin oder des britischen Premiers Churchill eine zentrale Rolle. Gegenwärtig existieren in dieser Hinsicht die meisten Gerüchte über den irakischen Präsidenten

Saddam Hussein. Angeblich soll es zehn Doppelgänger des Diktators geben. Einige Kenner der irakischen Verhältnisse vermuten, die vielen Herrscherpaläste würden nur dem Zweck dienen, dort die Doppelgänger unterzubringen, um so Attentätern ihre Arbeit zu erschweren.

Im Westen kamen mit den Terrorwellen in den 70er- und 80er-Jahren ganz besondere Varianten der Doppelgänger-Taktik auf. Besonders bei Auslandsbesuchen – wie dem Besuch des US-Präsidenten Bill Clinton in London im Jahr 1995 – wurde die so genannte »Double bluff«-Taktik angewandt. Dahinter steckt die Idee, gleichzeitig an zwei unterschiedlichen Orten alle Vorbereitungen für den Staatsbesuch zu treffen: Angefangen auf dem Flughafen, über die Begrüßungen, die Arbeitsessen, die Besichtigungen bis hin zur Abreise, wobei alle einzelnen Orte und der gesamte Ablauf des Besuches der Geheimhaltung unterliegen. Das klingt gut, erweist sich in der Praxis aber als nahezu undurchführbar. Falls ein solches Konzept folgerichtig durchgeführt werden würde, dürften natürlich auch die Gastgeber nicht den wahren Ablauf des Besuches kennen. Was dies für Folgen hätte, kann sich jeder leicht ausmalen.

Wie bei James Bond

Egal in welchen Winkeln der Erde Superagent James Bond auch auftaucht – seine Walther – früher eine PPK, heute eine P 99 – hat er immer dabei. Ob in Moskau, Istanbul oder auf den Bahamas, in Wien, Hongkong oder Prag, ohne Pistole gehen Sean Connery, Roger Moore oder Pierce Brosnan nie aus.

Die Wirklichkeit sieht anders aus, gerade im Bezug auf Waffen. Wenn die Personenschützer des BKA ihre Schutzpersonen bei Auslandsreisen begleiten, dann stellt sich ihnen in vielen Ländern das Problem, dass sie ihre Waffen dort nicht bei sich führen dürfen. Dies gilt zum Beispiel in den Niederlanden oder in Großbritannien. In anderen Ländern sind die Pistolentypen der Sicherungsgruppe – SIG Sauer P 226 oder P 229 – per Gesetz nicht erlaubt. In diesen Fällen müssen die Beamten auf Revolver im Kaliber .38 bzw. .357

Magnum »umsteigen«. Ähnliche Probleme ergeben sich auch bei Staatsbesuchen in Deutschland. Mit Selbstladepistolen oder Revolvern gibt es freilich keine Schwierigkeiten; diese Waffen werden registriert und ihren Besitzern für die Zeit des Aufenthalts in Deutschland eine Tragegenehmigung ausgestellt. Probleme gibt es hingegen mit Maschinenpistolen, automatischen Gewehren oder Schrotflinten. Grundsätzlich dürfen diese Waffen von ausländischen Sicherheitsbeamten zwischen Rhein und Oder nicht geführt werden. »Aber niemand schaut beim *Secret Service* in die Koffer rein«, weiß ein BKA-Beamter aus Berlin.

Was so alles in den Koffern stecken kann, erfuhr die Weltöffentlichkeit anlässlich des Besuches von US-Präsident George Bush in Panama 1991. Obwohl man den Besuch nicht an die große Glocke gehängt hatte, fanden sich dennoch mehrere hundert Demonstranten ein, die gegen den Staatsgast demonstrierten. Die örtliche Polizei versuchte, die Aufrührer durch Tränengas und Wasserwerfer zu vertreiben. Beamte des *Secret Service* und Männer der Spezialeinheit *Delta Force* missdeuteten die Detonationen der polizeilichen Tränengasgranaten als Schüsse aus Scharfschützengewehren und griffen sich ihre Ausrüstung, unter anderem Sturmgewehre Colt M 16, und stürmten in Richtung »Gefechtslärm« vor. Zur gleichen Zeit stopften ihre Kollegen den Präsidenten und dessen Ehefrau in kugelsichere Mäntel und fuhren sie mit Höchstgeschwindigkeit aus der Gefahrenzone heraus. Der amerikanische Nachrichtensender NBC zeigte dann, wie Männer in schwarzen Overalls mit Gasmasken vor dem Gesicht, Schnellfeuergewehren und Heckler & Koch Maschinenpistolen in den Händen ein Bürogebäude stürmten, in dem sich die vermeintlichen Attentäter befinden sollten …

Kugelsicher und unauffällig

Kugelsichere Westen im modernen Sinne – also schusshemmende Jacken, Hemden usw., die verhältnismäßig unauffällig unter der Kleidung getragen werden können, gibt es schon seit fast 100 Jahren. Diese Schutzwesten, die auch Schüsse aus Pistole und Revolver standhielten, stellten im Grunde eine Weiterentwicklung der mittelalterlichen Kettenhemden und Schutzwämser dar.

Nach dem II. Weltkriegs erlebte die Herstellung von Schutzwesten durch die Verwendung leichter und dennoch widerstandsfähiger Kunstfasern – das bekannteste war das von der Firma Dupont entwickelte *Kevlar* – einen regen Aufschwung. Bei den meisten Spezialeinheiten des Militärs und der Polizei zählen lebensrettende Westen und Helme bereits seit Jahren zur Standardausrüstung. Bei den in zivil gekleideten Personenschützern fristen Westen aus Kunstfasern jedoch ein Schattendasein. Daran konnten bisher auch die Schutzwesten der neuesten Generation nichts ändern, deren Gewicht bei weniger als zwei Kilogramm liegt und die dennoch in der Lage sind, Projektile des Kalibers 9 mm Para zuverlässig zu stoppen. Relativ häufig kann man beobachten, dass Personenschützer schwarze Sonnenbrillen tragen, auch dann, wenn es bewölkt ist. Die Erklärung für diese Lichtscheu ist einfach. Manche der Brillen halten Projektile mit den Leistungswerten einer .38 Special auf. Viel wichtiger ist aber ein anderer Gesichtspunkt: Trägt der Personenschützer eine dunkle Sonnenbrille, kann sein Gegenüber nicht erkennen, wohin er gerade schaut. Dies erlaubt ihm, von den Umstehenden unbemerkt, die Umgebung genau unter die Lupe zu nehmen.

Anhang

Aufsehenerregende Attentate und Entführungen in der Bundesrepublik Deutschland von 1949–1995

einschliesslich einiger Anschläge auf deutsche Politiker und Diplomaten im Ausland. Auswahl, ohne Anspruch auf Vollständigkeit. Für die DDR stand kein Material zur Verfügung.

13. 08. 1949
Tränengas gegen den KPD-Vorsitzenden Reimann
Einen Tag vor den Wahlen zum 1. Deutschen Bundestag verübte ein Mann in Recklinghausen mit einer Tränengasbombe einen Anschlag auf den Vorsitzenden der Kommunistischen Partei Deutschlands (KPD), Max Reimann. Der Politiker blieb unverletzt.

■

27. 03. 1952
Sprengstoffanschlag auf Bundeskanzler Adenauer
Ein Unbekannter übergibt zwei Jungen ein an Bundeskanzler Adenauer adressiertes Paket und bittet sie, es für ihn zur Post zu bringen. Die beiden bringen das Päckchen aber zur Polizei. Beim Öffnen detoniert der im Paket enthaltene Sprengstoff und tötet einen Feuerwehrsprengmeister.

■

04. 02. 1961
Sprengstoffanschlag auf Bundeskanzler Adenauer
Ein in München abgegebenes Sprengstoffpaket, an Bundeskanzler Adenauer adressiert, kann entschärft werden, ohne dass Schaden entsteht.

■

04. 02. 1961 **Sprengstoffanschlag auf Verteidigungsminister Strauß**
Wahrscheinlich der gleiche Täter schickt ein mit Sprengstoff gefülltes Paket an Bundesverteidigungsminister Franz Josef Strauß. Auch dieses laienhaft zusammengebauten Sprengstoffpäckchen richtet keinen Schaden an.

07. 03. 1961 **Angriff auf Bundeskanzler Adenauer**
Ein mit einem Messer bewaffneter Hilfsarbeiter wird von Polizeibeamten beim Versuch festgenommen, in das Wohnhaus Adenauers in Rhöndorf einzudringen.

15. / 16. 09. 1961 **Sprengstoffanschlag auf Bundeskanzler Adenauer**
Manches deutete darauf hin, dass der Täter, der bereits am 4. Februar 1961 zwei Sprengstoffpakete abgeschickt hatte, unmittelbar vor den Bundestagswahlen den gleichen Versuch noch einmal unternahm. Beamte der Sicherungsgruppe entschärfen beide Sprengstoffpakete, die in München aufgegeben worden waren.

29. 11. 1962 **Erstürmung der Schwedischen Botschaft, Bonn**
25 Exilkroaten stürmen die schwedische Botschaft in Bonn-Bad Godesberg und verwüsten mehrere Räume. Dabei wird der jugoslawische Hausmeister durch einen Pistolenschuss tödlich verletzt.

24. 04. 1968 **Attentatsversuch auf Bundeskanzler Kiesinger**
An der Autobahnraststätte Breisgau wird ein 29-jähriger Mann festgenommen, der mit einem Revolver ein Attentat auf Bundeskanzler Kurt Georg Kiesinger verüben wollte. Als Begründung für sein Vorhaben gibt er an, er sei verbittert über die vielen Millionen Mark Entwicklungshilfe und die gleichzeitige »Vernachlässigung des einfachen Mannes im Lande«.

07. 11. 1968 **Angriff auf Bundeskanzler Kiesinger**
Während des Bundesparteitags der CDU in Berlin ohrfeigt die Jüdin mit deutschem und französischem Pass Beate Klarsfeld Bundeskanzler Kiesinger. Bereits Monate zuvor hatte sie ihn als »Nazi und Mörder« beschimpft.

02. 05. 1969 **Säureanschlag auf Ex-Bundeskanzler Erhard**
In Santiago de Chile verübt ein Student einen Anschlag auf Alt-Bundeskanzler Ludwig Erhard. Der mit Ammoniak gefüllte Plastikbeutel verfehlt sein Ziel.

21. 07. 1969   **Sprengstoffanschlag auf Außenminister Brandt**
Beim Posteingang fällt ein dilettantisch verpacktes Paket auf, das an Außenminister Willy Brandt adressiert war. Das Sprengstoffpaket wird entschärft.

■

14. 08. 1969   **Säureanschlag auf Bundesminister Wehner**
Ein in Schweden lebender Deutscher sendet an den Minister für gesamtdeutsche Fragen, Herbert Wehner, einen mit Silbernitrat gefüllten Brief. Beim Öffnen des Briefes erleidet Wehners Sekretärin Verätzungen.

■

14. 08. 1969   **Säureanschlag auf den Sonderbeauftragten des Bundeskanzlers für Berlin, Lemmer**
Ein in Schweden lebender Deutscher sendet auch an den Sonderbeauftragten des Bundeskanzlers für Berlin, Ernst Lemmer, einen mit Silbernitrat gefüllten Brief. Auch Lemmers Sekretärin erleidet beim Öffnen des Briefes Verätzungen.

■

31. 03. 1970   **Mord an Botschafter Graf von Spreti**
In Guatemala wird der deutsche Botschafter Karl Graf von Spreti von Guerilleros entführt. Nach fünftägiger Haft töten die linksradikalen Terroristen ihre Geisel, weil die Regierung Guatemalas die Zahlung eines Lösegeldes verweigert.

■

09. 04. 1971   **Angriff auf Bundespräsident Heinemann**
Beim Versuch, in den Bonner Amtssitz von Bundespräsident Gustav Heinemann ein-zudringen, wird ein 20-jähriger Hamburger festgenommen. Der mit einem Messer bewaffnete Mann bezeichnet sich bei den anschließenden Vernehmungen als Gegner der Bonner Ostpolitik und gesteht, er habe den Bundespräsidenten ermor-den wollen.

■

24. 09. 1971   **Angriff auf Bundeskanzler Brandt**
In München ohrfeigt ein 22-jähriger Student Bundeskanzler Willy Brandt. Als Grund für seine Attacke nennt er die verräterische Ostpolitik der Bundesregierung.

■

29. 11. 1971   **Entführung von Theo Albrecht**
Der 49-jährige Essener Multimillionär Theo Albrecht wird in Herten bei Reckling-hausen entführt. Die Täter, ein abgebrannter Rechtsanwalt aus Düsseldorf und ein vorbestrafter Tresorknacker, halten den Mitinhaber der »Aldi«-Supermarkt-Kette 17 Tage lang gefangen. Gegen Zahlung eines Lösegeldes in Höhe von sieben Millionen Mark ließen sie Albrecht frei. Die Täter werden im Januar 1973 zu je achteinhalb Jahren Haft verurteilt.

02. 02. 1972 **Bombenanschlag auf Oberbürgermeister Vogel**
Ein Unbekannter schickt dem Münchener Oberbürgermeister Dr. Hans-Jochen Vogel ein mit Sprengstoff gefülltes Paket zu. Wegen einer Fehlschaltung des Zündmechanismus detoniert die Ladung nicht.

■

05.09.1972 **Olympia-Attentat, München**
Angehörige der palästinensischen Terrororganisation »Schwarzer September« überfallen das olympische Dorf in München und nehmen israelische Sportler und Funktionäre als Geiseln. Auf dem Flughafen von Fürstenfeldbruck scheitert ein Befreiungsversuch: Elf Israelis, fünf Palästinenser und ein deutscher Polizist werden getötet. Kurze Zeitspäter kommen die Überlebenden Palästinenser durch eine Erpressung der Bundesregierung frei.

■

19. 10. 1973 **Angriff auf Bundespräsident Heinemann**
Bundespräsident Gustav Heinemann wird von einem 54-jährigen mit einem Messer bewaffneten Mann niedergeschlagen. Der psychisch Kranke wird in eine psychiatrische Heilanstalt eingewiesen.

■

13. 11. 1973 **Entführung von Evelyn Jahn**
Aus der Tiefgarage ihrer Wohnung wird Evelyn Jahn, Tochter des »Wienerwald«-Geschäftsführers Friedrich Jahn, entführt. Nach Zahlung eines Lösegeldes von drei Millionen Mark wird die Frau nach zwei Tagen freigelassen. Die beiden Haupttäter werden im März 1975 zu zehneinhalb bzw. neun Jahren Haft verurteilt.

■

27. 12. 1973 **Entführung von Honorarkonsul Niedermayer**
Thomas Niedermayer, der Leiter der Grundig-Werke und Honorarkonsul der Bundesrepublik Deutschland für Nordirland. wird von militanten Nordiren entführt. Erst im März 1980 wird seine Leiche auf einer Müllhalde bei Belfast entdeckt. Nach einem Bekennerschreiben der IRA sei er entführt worden, um ein Lösegeld zu erpressen, im Verlauf der Tat aber an einem Herzschlag gestorben.

■

10. 11. 1974 **Mord an Kammergerichtspräsident Drenkmann**
In Berlin wird der 64-jährige Kammergerichtspräsident Günter von Drenkmann bei einem Attentat der »Bewegung 2. Juni« ermordet.

■

30. 11. 1974 **Schüsse auf CDU-Schatzmeister Kiep**
Ein Unbekannter schießt mit einer Pistole dreimal durch die geschlossene Tür auf

den CDU-Bundesschatzmeister Walter Leisler Kiep, verfehlt ihn aber. Ein angebliches RAF-Mitglied bekennt sich zum Anschlag.

■

27. 02. 1975 **Entführung von CDU-Politiker Lorenz**
In der Nähe seiner Wohnung wird der Vorsitzende der Berliner CDU, Peter Lorenz, von linksradikalen Terroristen der »Bewegung 2. Juni« entführt. Am 3. März gibt die Bundesregierung den Forderungen der Entführer nach und lässt fünf Mitglieder der Baader-Meinhof-Bande aus der Haft frei. Die Terroristen werden nach Aden im Südjemen geflogen. Am Tag darauf wird Lorenz freigelassen.

■

04 .04. 1975 **Angriff auf CDU-Vorsitzenden Kohl**
In Hamburg wird der Bundesvorsitzende der CDU, Dr. Helmut Kohl, von einem Busfahrer angegriffen. Kohl überwältigt den Mann, der in den Vernehmungen keine Motive für seine Tat angibt. Kohl stellte keinen Strafantrag gegen den Täter.

■

24. 04. 1975 **Anschlag auf die Deutsche Botschaft in Stockholm**
Die deutsche Botschaft in Stockholm wird von dem RAF-Kommando »Holger Meins« besetzt. Nachdem die Bundesregierung die geforderte Freilassung von 26 inhaftierten Baader-Meinhof-Häftlingen verweigert, töten die linksradikalen Geiselgangster den Militärattaché von Mirbach und den Botschaftsrat Hillegaart. Danach gelingt schwedischen Polizisten die Erstürmung des Gebäudes und die Festnahme der Täter.

■

19. 10. 1976 **Entführung von Gernot Egolf**
Der 32-jährige Gernot Egolf, Erbe und Mitgesellschafter der Karlsberg-Brauerei, wird in Homburg im Saarland entführt und in einem ehemaligen Westwallbunker bei Birkenfeld gefangengehalten. Dort stirbt er an Unterkühlung. Im Dezember werden die Täter, ein Waldarbeiter und ein Heizungsmonteur, festgenommen.

■

03. 11. 1976 **Entführung von Springreiter Hendrik Snoek**
Der 28-jährige Springreiter Hendrik Snoek wird aus seiner Wohnung in Münster entführt. Drei Tage später wird der Juniorchef der Verbrauchermarktkette »Ratio« nach Zahlung eines Lösegeldes in Höhe von fünf Millionen Mark aus dem Kabelschacht einer Autobahnbrücke auf der Sauerlandlinie befreit. Die Täter, ein Lagerarbeiter und ein Anstreicher, werden im Februar 1977 gefasst.

■

14. 12. 1976   **Entführung von Richard Oetker**
Der Sohn des Konzernchefs Rudolf August Oetker wird an der Universität Freising entführt. Zwei Tage später wird der 25-jährige Richard Oetker gegen Zahlung eines Lösegeldes von 21 Millionen Mark freigelassen. Die während der Entführung erlittenen Misshandlungen verursachen dauerhafte Behinderungen. 1979 wird ein Gebrauchtwagenhändler als Täter ermittelt und zu 15 Jahren Haft verurteilt.

■

07. 04. 1977   **Ermordung von Generalbundesanwalt Buback**
Generalbundesanwalt Siegfried Buback und zwei Männer in seiner Begleitung werden von Linksterroristen des so genannten RAF-Kommandos »Ulrike Meinhof« in der Karlsruher Innenstadt ermordet.

■

30. 07. 1977   **Ermordung des Vorstandsvorsitzender der Dresdner Bank, Ponto**
In Oberursel bei Bad Homburg ermorden die RAF-Terroristen Susanne Albrecht, Christian Klar und Brigitte Mohnhaupt den 53-jährigen Vorstandsvorsitzenden der Dresdner Bank, Jürgen Ponto.

■

05. 09. 1977   **Ermordung des Arbeitgeberpräsidenten Schleyer**
Bei der Entführung des Arbeitgeberpräsidenten Hanns-Martin Schleyer werden sein Fahrer und drei zu seinem Schutz abkommandierte Polizeibeamte aus Baden-Württemberg von Terroristen der RAF ermordet. Am 19. Oktober ermorden die Täter auch Schleyer. Seine Leiche wird im Kofferraum eines Kfz in Mülhausen im Elsaß aufgefunden.

■

11. 05. 1981   **Ermordung des hessischen Wirtschaftsministers Karry**
Der hessische Wirtschafts- und Verkehrsminister Heinz Herbert Karry wird im Schlafzimmer seines Frankfurter Hauses ermordet. Der Täter feuert mehrere Schüsse aus einer Pistole im Kaliber .22 auf den 61-jährigen ab. Zu der Tat bekennen sich einige Wochen später linksradikale »Revolutionäre Zellen«. Sie schreiben, die Tötung Karrys sei nicht beabsichtigt gewesen, vielmehr hätte er für seine Atomkraftpolitik einen »Denkzettel« erhalten sollen.

■

15. 9. 1981   **Sprengstoffanschlag auf US-General Kroesen**
Ein so genanntes RAF-Kommando »Gudrun Ensslin« verübt einen Anschlag auf den Oberbefehlshaber der amerikanischen Landstreitkräfte in Europa, General Kroesen. Obwohl die Täter mehrere Granaten aus einer RPG 7 auf den Wagen abfeuern, erleiden Kroesen und seine Ehefrau nur leichte Verletzungen.

■

25. 08. 1983

Sprengstoffanschlag auf das Französische Generalkonsulat Berlin
Bei einem Sprengstoffanschlag auf das französische Generalkonsulat im Berliner »Maison de France« kommt ein Mann ums Leben. 23 Personen werden bei der Tat, die von Angehörigen der linksextremen Terrorgruppe »Carlos« verübt wird, verletzt.

■

01. 02. 1985

Mord an MTU-Chef Zimmermann
In seinem Haus in Gauting bei München wird der Chef der Motoren- und Turbinen-Union (MTU) Ernst Zimmermann erschossen. Zur Ermordung des 56-jährigen bekennt sich ein RAF-Kommando »Patrick O´ Hara«.

■

08.08.1985

Sprengstoffanschlag auf US Luftwaffenstützpunkt Frankfurt Rhein-Main
Bei einem Sprengstoffanschlag der RAF auf die Rhein-Main-*Air-Base* werden zwei Amerikaner getötet und elf zum Teil schwer verletzt.

■

09. 07. 1986

Sprengstoffanschlag auf Siemens-Vorstand Beckurts
Das Siemens-Vorstands-Mitglied Prof. Karl Heinz Beckurts wird zusammen mit seinem Fahrer auf der Fahrt von seinem Wohnort ins Büro durch eine ferngezündete Bombe getötet. Das so genannte RAF-Kommando »Mara Cagol« verwendet für die Tat eine 50-kg-Bombe. Als Begründung des Anschlags geben die linksradikalen Täter an, Beckurts repräsentiere »den Kurs des internationalen Kapitals in der Strategie des imperialistischen Gesamtsystems«.

■

10. 10. 1986

Mord an Gerold von Braunmühl
Der 51-jährige Leiter der politischen Abteilung des Auswärtigen Amtes wird in der Nähe seines Wohnhauses im Bonner Stadtteil Ippendorf erschossen. Zur Tat bekennt sich das so genannte RAF-Kommando »Ingrid Schubert«.

■

23. 12. 1987

Entführung von Meike und Lars Schlecker
In Ehingen auf der Schwäbischen Alb werden die Kinder des Drogeriefilialen-Inhabers Anton Schlecker entführt. Nach Zahlung eines Lösegeldes von 9,6 Millionen Mark kommen die Kinder frei.

■

20. 09. 1988

Anschlag auf Staatssekretär Tietmeyer
Das so genannte RAF-Kommando »Khaled Aker« verübt in Bonn mit einem Schrotgewehr einen Anschlag auf den Staatssekretär im Wirtschaftsministerium Hans Tietmeyer. In einem Bekennerschreiben machen die linksextremen

Täter Tietmeyer für »Völkermord und Massenelend in der Dritten Welt« verantwortlich.

■

30. 11. 1989   **Bombenanschlag auf den Vorstandssprecher der Deutschen Bank, Herrhausen**
Der 59-jährige Vorstandssprecher der Deutschen Bank, Alfred Herrhausen, fällt in
Bad Homburg einem Bombenattentat zum Opfer. Sein Fahrer überlebt die
Explosion, die beim Durchfahren einer Lichtschranke ausgelöst wurde. Das so ge-
nannte RAF-Kommando »Wolfgang Beer« begründet die heimtückische Tat mit
Herrhausens Funktion als angeblich mächtigstem Wirtschaftsführer in Europa, des-
sen Deutsche Bank an der »Spitze der faschistischen Kapitalstruktur stehe« und die
Länder der Dritten Welt »ausplündere«. Herrhausen hatte sich öffentlich für den
Schuldenerlass der Länder der Dritten Welt ausgesprochen.

■

25. 04. 1990   **Angriff auf Ministerpräsident Lafontaine**
Bei einer Wahlkampfveranstaltung in Köln wird der saarländische Ministerpräsident
Oskar Lafontaine von einer Frau durch einen Messerstich in den Hals lebensgefähr-
lich verletzt. Die Täterin will ein Zeichen setzen gegen die ihrer Meinung nach von
Politikern unterhaltenen »Menschenfabriken«.

■

27. 07. 1990   **Sprengstoffanschlag auf Staatssekretär Neusel**
In Bonn schlägt ein Bombenattentat des so genannten RAF-Kommandos »José
Manuel Sevillano« fehl. Der 62-jährige Staatssekretär im Bundesministerium des
Innern Hans Neusel übersteht den Anschlag leicht verletzt.

■

12. 10. 1990   **Angriff auf Bundesinnenminister Schäuble**
Nach einer Wahlkampfveranstaltung im badischen Oppenau schießt ein Mann auf
den Bundesminister des Innern und verletzt ihn durch zwei Schüsse lebensgefährlich. Ein begleitender Beamter der Sicherungsgruppe wird ebenfalls verletzt. Der
wegen mehrerer Drogendelikte vorbestrafte Mann begründet seine Tat mit der
»Staatsfolter«, die in Deutschland ausgeübt werde. Ein Gericht erklärte den Mann
1991 für schuldunfähig und weist ihn in eine psychiatrische Klinik ein.

■

13. 02. 1991   **Anschlag auf die US-Botschaft Bonn**
Das so genannte RAF-Kommando »Vincenzo Spano« verübt mit einem Schnell-
feuergewehr einen Anschlag auf die US-Botschaft in Bonn. 250 Schüsse feuern die
Täter vom gegenüberliegenden Rheinufer auf das Botschaftsgebäude ab. In einem
Bekennerschreiben prangern die Terroristen die Führungsrolle der USA im Kuwait-
Konflikt an und behaupten, die USA führten einen Vernichtungskrieg gegen das
irakische Volk.

01. 04. 1991 **Ermordung des Treuhand-Chefs Rohwedder**
Mit dem gleichen Schnellfeuergewehr, das am 13. Februar in Bonn verwendet wur-
de, tötet das so genannte RAF-Kommando »Ulrich Wessel« den Treuhand-Chef
Detlev Karsten Rohwedder, in seinem Wohnhaus in Ratingen bei Düsseldorf. Im Mai
2001 ermitteln die Kriminal-Techniker des Bundeskriminalamtes als Tatbeteiligten
den RAF-Terroristen Wolfgang Grams, der sich bei dem Verhaftungsversuch durch
GSG 9-Beamte in Bad Kleinen im Jahr 1993 das Leben nimmt. Zuvor tötet er den
GSG-9-Kommissar Michael Newrzella und verletzt einen Polizisten schwer.

■

11. 05. 1991 **Angriff auf Bundeskanzler Kohl**
Vor dem Stadthaus in Halle wird Bundeskanzler Dr. Helmut Kohl von jugendlichen
Demonstranten mit Eiern, Tomaten und Farbbeuteln beworfen. Kohl geht selbst gegen die Angreifer vor, wird aber von Beamten seines Begleitschutzes zurückgehal-
ten.

■

12. 06. 1991 **Sprengstoffanschlag auf Hanno Klein**
Der Mitarbeiter des Bau-Senats in Berlin wird vermutlich von Anarcho-Kommu-
nisten (»Autonome«) durch eine Briefbombe getötet.

■

25. 08. 1991 **Angriff auf den Berliner Ex-Bürgermeister Momper**
Mehrere Vermummte schlagen in Berlin-Kreuzberg den früheren Regierenden
Bürgermeister von Berlin, Walter Momper, nach dem Besuch eines Museums zu-
sammen und sprühen ihm Reizgas ins Gesicht.

■

02. 12. 1992 **Angriff auf Bundespräsident von Weizsäcker**
Kurz vor dem Besuch einer Theateraufführung in Hamburg wird Richard von
Weizsäcker von einem Mann aus dem St. Pauli-Milieu ins Gesicht geschlagen.
Weizsäcker hatte es stets abgelehnt, dass sich seine Personenschützer in seiner un-
mittelbaren Nähe aufhalten. Der Täter wird zu einer Haftstrafe von sechs Monaten
auf Bewährung verurteilt.

■

26. 01. 1993 **Angriff auf den SPD-Vorsitzenden Engholm**
Nach dem Ende einer Wahlkampfveranstaltung in Kassel wird der SPD-Vorsitzende
Björn Engholm von einer Frau mit einem Klappmesser angegriffen. Der Politiker
bleibt unverletzt.

■

24. 06. 1993   **Geiselnahme im Türkischen Konsulat München**
13 Kurden dringen in das Konsulat ein und nehmen 21 Angestellte als Geiseln. Sie wollen mit ihrer Aktion auf die Situation der kurdischen Minderheit in der Türkei aufmerksam machen. Nach 14-stündigen Verhandlungen, an denen auch der Staatssekretär im Bundeskanzleramt Schmidbauer teilnimmt, geben sie auf.

■

19. 10. 1993   **Geiselnahme im Polnischen Generalkonsulat Hamburg**
Ein 28-jähriger Pole bringt mit einer Handgranate vier Angestellte des Konsulats in seine Gewalt. Er will mit seiner Tat gegen das Urteil eines polnischen Gerichts protestieren, das ihn wegen Beleidigung verurteilt hatte. Der Täter wird von Beamten des MEK Hamburg erschossen.

■

22. 01. 1995   **Sprengstoffanschlag auf den ehem. Staatssekretär Köhler**
Im Eingangsbereich des Hauses des ehemaligen Parlamentarischen Staatssekretärs im Ministerium für wirtschaftliche Zusammenarbeit Dr. Volkmar Köhler in Wolfsburg explodiert eine Rohrbombe. Die Tat, bei der niemand verletzt wurde, wird den linksradikalen »Antiimperialistischen Zellen« zugerechnet.

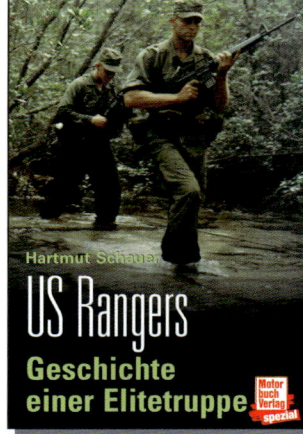